普通高等教育化学化工类精品系列教材

有机化学实验

（第 3 版）

主　编　熊万明　聂旭亮

副主编　邓昌晞　熊志勇　黄建平

参　编　陈金珠　王正辉　吴苏琴　彭大勇

　　　　苟国俊　彭富昌　刘长相　张晓华

北京理工大学出版社
BEIJING INSTITUTE OF TECHNOLOGY PRESS

内 容 简 介

　　有机化学的理论和规律多是从有机化学实验中总结出来的，对理论的应用和评价，也都要依据有机化学实验的探索和检验。有机化学实验对有机化学的发展起着至关重要的作用，也是有机化学教学的一个重要组成部分。近年来，有机化学实验课程建设正向着德育化、立体化、科学化、规范化的方向发展，实验内容选编也需要更加科学。正是秉承培养新时代创新人才的理念，本书从基础知识及实验、天然产物提取、化合物制备三方面入手，精选 50 多个实验，形成 8 个版块，按照一定的逻辑关系排列，以期取得较好的教学效果。

　　本书适合本科院校（尤其适合农业本科院校）的应用化学、材料化学、化学工程与工艺、环境工程、药学化学相关专业教学使用，也可供相关工程技术人员和研究人员参考。

图书在版编目（CIP）数据

有机化学实验 / 熊万明，聂旭亮主编. —— 3 版.
北京 ：北京理工大学出版社，2025.1.（2025.2 重印）
ISBN 978-7-5763-4679-4

Ⅰ. O62-33

中国国家版本馆 CIP 数据核字第 2025WC9395 号

责任编辑：王玲玲	文案编辑：王玲玲	
责任校对：刘亚男	责任印制：李志强	

出版发行 / 北京理工大学出版社有限责任公司	
社　　址 / 北京市丰台区四合庄路 6 号	
邮　　编 / 100070	
电　　话 / (010) 68914026（教材售后服务热线）	
(010) 63726648（课件资源服务热线）	
网　　址 / http://www.bitpress.com.cn	

版 印 次 / 2025 年 2 月第 3 版第 2 次印刷	
印　　刷 / 北京广达印刷有限公司	
开　　本 / 787 mm×1092 mm　1/16	
印　　张 / 12.5	
字　　数 / 304 千字	
定　　价 / 38.00 元	

第3版前言

有机化学实验是一门典型的实践性课程，对培养学生的动手能力、协作能力、观察能力、分析问题和解决问题能力、创新思维能力等作用极大。为了满足一流学科的发展和中国式现代化科技人才尤其是应用型与创新型人才的培养需要，使学生能够更加系统地掌握有机化学实验知识与发展动态，了解新的实验方法和仪器设备，全面培养学生的自学能力和独立思维能力，从而提高学生的整体素质，我们精心设计改版了本书，力争使有机化学实验与党的二十大精神相结合，与科学基础和发展需求相结合。

本书仍然坚持系统性与适用性相结合，构建了基本技能训练实验、有机合成实验、天然产物提取实验、开放实验、设计和研究型实验等不同层次的实验教学体系，既方便教师教学，又有利于学生自主学习与创新能力的培养。

本书内容是在前版的基础上，遵循当前有机化学和学科发展，做了精心的修改。

（1）增添了部分概述，强化了实验育人精神，丰富了部分实验的教学视频。

（2）修改了部分合成实验的操作细节，使实验更具操作性，更体现绿色低碳原则。

（3）增加了一些绿色合成、光谱实验方面的新方法和新技术的实验案例，提升实验的连贯性与科学性。

（4）为了与一流学科、一流专业人才培养需求接轨，本书适当添加了一些综合性和设计性的实验。

本书保持了原版的结构，各实验内容强化绿色观念、体现基础性、突出综合性、加强设计性，力求做到原理叙述通俗易懂，操作切实可行，教学方式适应性强。

本书可供应用化学、化工、环境、药学各化学相关专业本科生、专科生使用，也可作为高等农林院校农、林、牧等专业学生的实验用书。

参加本书编写的有：江西农业大学陈金珠、熊万明、吴苏琴、彭大勇、邓昌晞、聂旭亮、刘长相、黄建平、张晓华，北京理工大学珠海学院熊志勇，华南农业大学王正辉，兰州理工大学苟国俊，攀枝花学院彭富昌。其中，熊万明、聂旭亮担任主编。

本书的编写和出版得到了江西省高水平教学团队的经费支撑，以及各编者所在学校各级管理部门的大力支持。同时，本书在编写过程中引用了其他学者的相关著作，在此一并表示感谢。

由于编者水平有限，书中难免有不妥之处，敬请批评指正。

编　者

第2版前言

为了适应新形式下一流学科的发展和高等院校教育的需要，满足应用型和创新型人才培养模式和理念，使学生能够更加系统地掌握有机化学理论知识，学会使用新的实验仪器、工具和实验手段，全面培养学生的自学能力和独立思维能力，从而提高学生的整体素质，我们精心设计编写了本书，力争使有机化学实验与学科结合。

本书的特点是系统性与适用性相结合，构建了基本技能训练实验、有机合成实验、天然产物提取实验、开放实验、设计和研究型实验等不同层次的实验教学体系，既方便教师教学，又有利于学生自主学习与创新能力的培养。

本书内容是在第1版的基础上，遵循当前有机化学和学科发展方向，做了适当的修改。

（1）调整了部分实验顺序，增强了实验的连贯性和版块属性。

（2）修改了部分合成实验的操作细节，使实验更具操作性，更体现绿色环保。

（3）当前，色谱法在有机化合物检测与分析方面作用显著，本书对实验中的色谱法内容进行了补充。

（4）为了更好地与新工科/农科等专业需求接轨，本书添加了一些综合性和设计性的实验。

本书保持了原版的版块结构，各实验内容力求做到原理叙述通俗易懂，操作切实可行。本书可供应用化学、化工、环境、药学各化学相关专业本科生、专科生使用，也可作为高等农林院校农、林、牧等专业学生的实验用书。

参加本书编写的有：江西农业大学熊万明、聂旭亮、黄建平、邓昌晞、陈金珠、彭大勇、刘长相、吴苏琴，北京理工大学珠海学院熊志勇，华南农业大学王正辉，兰州理工大学苟国俊，攀枝花学院彭富昌。其中，熊万明、聂旭亮担任主编。

本书的编写和出版得到了各编者所在学校各级管理部门的大力支持，同时，本书在编写过程中引用了其他学者的相关著作，在此一并表示感谢。

由于编者水平有限，书中难免有不妥之处，敬请批评指正。

编　者

第1版前言

　　有机化学实验是有机化学的实践环节，是有机化学知识的延伸。本课程除了使学生系统掌握有机化学基本操作，学会使用相关实验仪器设备之外，还培养学生的动手能力，以及发现问题、分析问题及解决问题的能力；使学生养成严肃认真、实事求是的科学态度，严谨开展科学研究的作风。为进一步应用化学知识和实验技术解决实际问题打下坚实的基础。

　　为了适应 21 世纪化学及其他交叉学科的发展和普通高等院校教育的需要，提高学生的综合素质，编者结合多年的有机化学实验教学改革的经验与体会，精心设计、编写了这本有机化学实验教材。

　　本书的特点是系统性与适用性相结合，构建了基础实验、开发实验、设计和研究型实验等不同层次的实验教学体系，既方便教师教学，又有利于学生自主学习与创新能力的培养。本书内容编排方面主要包括基础知识、基本操作和化合物的制备等 8 个部分，共选编了 43 个实验。编者对各实验内容力求做到原理叙述通俗易懂，操作切实可行。

　　本书可供应用化学、化工、环境、药学各化学相关专业本科生、专科生使用，也可作为高等农林院校农、林、牧等专业学生的实验用书。

　　参加本书编写的有江西农业大学的熊万明、邓昌晞、黄建平、吴苏琴、聂旭亮老师，北京理工大学珠海学院郭冰之、熊志勇老师，华南农业大学的王正辉老师，滨州学院商希礼老师，商洛学院延永老师，广州科技职业技术学院王超老师。

　　本书的编写和出版得到了各编者所在学校各级管理部门的大力支持，本书在编写过程中引用了其他学者的相关著作，在此表示衷心的感谢。

　　由于编者水平有限，书中不妥之处难免，敬请批评指正。

编　者

目　　录

第一部分　有机化学实验的基础知识

一、有机化学实验室规则

有机化学是一门实验性很强的学科，实验在有机化学的学习中占有重要的地位。有机化学实验教学的目的不仅是使学生掌握有机化学实验的基本技能和基础知识，还培养学生理论与实际相联系的能力，使学生能够验证有机化学中所学的理论，锻炼解决实验过程中所遇到问题的思维和动手能力。为了保证实验的正常进行、养成良好的实验习惯及培养严谨的科学态度，学生必须遵守下列实验室规则：

① 学生在进入实验室前必须认真阅读本部分（有机化学实验的基础知识）和附录十二（易燃、易爆、有毒、致癌物质）。了解实验室的安全、事故的预防和处理，以及常用药品的性质和仪器设备的应用范围。预习有关的实验内容，做好预习笔记。通过预习，明确实验目的和要求，了解实验的基本原理，清楚实验所需药品的性质和仪器装置的使用方法，牢记实验操作中的注意事项。

② 进入实验室后，必须遵守实验室的纪律和各项规章制度。实验中不要大声喧哗、不乱拿乱放仪器药品、不将公物带出实验室，借用公物要自觉归还，损坏东西要如实登记，出了问题要及时报告。

③ 实验操作要严格按照操作规程进行。进行实验时要思想集中、操作认真，不得擅自离开。同时，仔细观察实验现象、积极思考，及时准确、实事求是地做好实验记录。

④ 听从教师和实验室工作人员的指导，注意安全。若有疑难问题或发生意外事故，要镇静、及时地采取应急措施，同时必须报告指导老师。

⑤ 实验中和实验后都要保持实验室的整洁。实验时做到桌面、地面、水槽和仪器四净。实验完毕，必须及时做好整理工作。清洗仪器并放到指定位置，处理废物，检查安全，做好记录并交给教师。待教师签字后方可离开实验室。

⑥ 尽可能做到节约。严格控制药品的用量，节约水、电等。

⑦ 做好值日工作。轮到值日的同学要负责整理好公用仪器和药品，打扫实验室，清理废物桶，并检查和关好水、电及门窗。

⑧ 写好实验报告。每次做完实验，必须认真写好实验报告，并交给指导老师。

二、有机化学实验室的安全知识

在有机化学实验中，经常使用易燃试剂（如乙醚、丙酮、乙醇、苯、乙炔和苦味酸等），有毒试剂（如甲醇、硝基苯、氰化钠和某些有机磷化合物等），有腐蚀性的试剂（如浓硫酸、浓盐酸、浓硝酸、溴和烧碱等）。这些药品若使用不当或不加小心，很可能发生着火、烧伤、爆炸、中毒等事故。此外，玻璃仪器、煤气、电气设备等使用不当或处理不当也会发生事故。因此，为了防止意外事故的发生，使实验顺利进行，要求学生除了严格按照规程操作外，还必须熟悉各种仪器、药品的性能和一般事故的处理等实验室安全知识。

（一）实验时注意的事项

① 实验开始前，应认真进行预习，掌握实验操作；仔细检查仪器是否完整，仪器装置安装是否正确、平稳。

② 熟悉实验室内水、电、煤气的开关，了解试剂和仪器的性能。

③ 实验中所用的药品，不得随意散失、遗弃，使用后必须放回原位。对反应中产生的有毒气体以及实验中产生的废液，应按规定处理。

④ 实验过程中不得擅离岗位。实验室内严禁吸烟、饮食。

⑤ 熟悉各种安全用具（如灭火器、急救箱等）的使用方法。

⑥ 实验进行中，要认真观察、思考，如实记录实验情况。

⑦ 进行有危险性的实验时，应使用防护眼罩、面罩和手套等防护用具。

（二）事故的预防和处理

1. 火灾

为避免发生火灾，必须注意以下方面：

对易挥发和易燃物，切勿乱倒，应专门回收处理。处理易燃试剂时，应该远离火源，不能用烧杯等广口容器盛易燃溶剂，更不能用明火直接加热。实验室不得存放大量易燃物。仔细检查实验装置、煤气管道是否破损漏气。

实验室如果发生着火事故，应沉着镇静，及时采取措施。首先，应立即关闭煤气，切断电源，熄灭附近所有火源，迅速移开周围易燃物，再用沙或石棉布将火盖熄。一般情况下严禁用水灭火。衣服着火时，应立即用石棉布或厚外衣盖熄。火势较大时，应根据具体情况选用合适的灭火器材进行灭火。实验室常备灭火器有下面三种：

① 二氧化碳灭火器。主要用于扑灭油脂、电器及其他贵重物品着火。

② 四氯化碳灭火器。主要用于扑灭电器内或电器附近着火。使用此灭火器时要注意，四氯化碳在高温下生成剧毒的光气，且与钠接触会发生爆炸，故不能在狭小和通风不良的实验室中使用。

③ 泡沫灭火器。内含发泡剂的碳酸氢钠溶液和硫酸铝溶液。使用时，有液体伴随大量的二氧化碳泡沫喷出，因泡沫能导电，注意不能用于电器灭火。

无论使用何种灭火器灭火，都应从火的四周开始向中心灭火。

2. 爆炸

实验中，由于违章使用易燃易爆物，或仪器堵塞、安装不当及化学反应剧烈等，均能引起爆炸。为了防止爆炸事故的发生，应严格注意下面几点：

① 某些化合物如过氧化物、干燥的金属炔化物等，受热或剧烈振动易发生爆炸。使用时必须严格按操作规程进行。

② 如果仪器装置不正确，也可能会引起爆炸。因此，常压操作时，安装仪器的全套装置必须与大气相通，不能造成密闭体系。减压或加压操作时，注意检查仪器装置能否承受其压力。装置搭建完毕后，应做空白实验，实验中应随时注意体系压力的变化。

③ 若反应过于剧烈，致使某些化合物因受热分解、体系热量和气体体积剧增而发生爆炸，通常可用冷冻、控制加料等措施缓和反应。

3. 中毒

化学药品大多有毒，因此，在实验中要注意以下几点，以防中毒：

① 不能用手直接接触药品，特别是剧毒药品。使用完毕，应将药品严密封存，并立即洗手。

② 进行可能产生有毒或腐蚀性气体的实验时，应在通风橱内操作，也可用气体吸收装置吸收有毒气体。

③ 所有沾染过有毒物质的器皿，实验完毕后，要立即进行消毒处理和清洗。

此外，装配仪器时，注意不要用力过猛；所用玻璃断面应烧熔，消除棱角，防止割伤。应避免皮肤直接接触高温和腐蚀性物质，以免灼伤。

常见化学危险品的标识如图 1-1 所示。

图 1-1 化学危险品的标识

（三）急救处理

1. 玻璃割伤

若玻璃割伤为轻伤，应立即挤出污血，用消毒过的镊子取出玻璃碎片，再用蒸馏水洗净伤口，涂上碘酒或红药水，最后用绷带包扎或贴上创可贴药膏。如果伤口较大，应立即用绷带扎紧伤口上部（靠近心脏的一边），以防大量出血，并急送医院治疗。若玻璃碎片溅入眼中，应用镊子移去，或者用清水冲洗，然后送医院治疗，切勿用手揉动。

2. 烫伤

若为轻伤，应在伤处涂玉树油或蓝油烃油膏；重伤者，涂以烫伤药膏后立即送医院治疗。

3. 灼伤

灼伤后应立即用大量水冲洗患处，再根据具体情况选用下列方法处理后，立即送往医院。

① 酸、碱液或溴入眼中：若为酸液，水洗后用 1% 碳酸氢钠溶液冲洗；若为碱液，水洗后用 1% 硼酸溶液冲洗；对于溴液，则在水洗后用 1% 碳酸氢钠溶液冲洗，最后再用水冲洗。

② 皮肤被酸、碱或溴液灼伤：若为酸液，水洗后用 3%～5% 碳酸氢钠溶液冲洗；若为碱液，水洗后用 1% 醋酸冲洗。最后均再用水冲洗，涂上烫伤油膏。若为溴液，用石油醚或酒精擦洗，再用 2% 硫代硫酸钠溶液洗至伤处呈白色，然后涂上甘油按摩。

若为钠,可见的小块用镊子移去,其余与碱伤的处理方法相同。

4. 中毒

化学药品大都具有不同程度的毒性,如果溅入口中,尚未咽下者应立即吐出,再用大量水冲洗口腔;如果已吞下或者皮肤、呼吸道接触到有毒药品,则应视具体情况进行处理,并立即送医院。

① 腐蚀性毒物:不论强酸或强碱,都应先饮用大量的温开水。对酸,再服氢氧化铝胶、鸡蛋白;对碱,则服用醋、酸果汁或鸡蛋白。不论酸或碱中毒,都要灌注牛奶,不要吃呕吐剂。

② 刺激性及神经性毒物:可先服牛奶或鸡蛋白使之缓解,再用约 30 g 硫酸镁溶于一杯水中服用催吐。也可用手指按压舌根促使呕吐,随即送医院。

③ 有毒气体:先将中毒者移到室外,解开衣领和纽扣。对吸入少量氯气或溴者,可用碳酸氢钠溶液漱口。

为了及时处理事故,实验室中应备有急救药箱。箱内应置有下列物品:

① 绷带、白纱布、创可贴或止血膏、橡皮管、药棉或脱脂棉花、医用镊子、剪刀等。

② 玉树油或蓝油烃油膏、獾油、医用凡士林、碘酒、紫药水、酒精、磺胺药物、甘油和橡皮膏等。

③ 1%及 3%~5%的碳酸氢钠溶液、2%的硫代硫酸钠溶液、2%的醋酸溶液、1%的硼酸溶液和硫酸镁等。

三、常用玻璃仪器

有机化学所用的仪器多为玻璃仪器,一般可分为标准磨口仪器、微型磨口仪器和普通玻璃仪器。

(一)标准磨口仪器

标准磨口仪器是带有标准内磨口的玻璃仪器,相同编号的标准内外磨口可以互相严密连接。标准磨口是根据国际通用的技术标准制造的,国内已经普遍生产和使用。现在常用的是锥形标准磨口,磨口部分的锥度为 1:10,即轴向长度 $H=10$ mm,锥体大端的直径与小端直径之差 $D-d=1$ mm。如图 1-2 所示。

由于玻璃仪器的容量及用途不同,标准磨口的大小也有不同。通常以整数数字表示磨口的系列编号,这个数字是锥体大端直径(以 mm 表示)的最接近的整数。表 1-1 是常用的标准磨口系列。

表 1-1 常用的标准磨口系列

编号	10	12	14	19	24	29	35
大端直径/mm	10.0	12.5	14.5	18.8	24.4	29.2	35.4

有时也用 D/H 两个数字表示磨口的规格,如 14/23,即大端直径为 14 mm,锥体长度为 23 mm。

使用磨口仪器时必须注意以下几点:

(1)磨口处必须洁净,不得粘有固体杂物,否则对接不紧密,甚至损害磨口。

(2)用后立即拆卸冲洗,各部件须分开存放。洗涤磨口时,可用合成洗衣粉或洗涤剂洗

圆底烧瓶	三颈烧瓶	两颈烧瓶	茄形烧瓶	锥形瓶
球形冷凝管	直形冷凝管	蛇形冷凝管	空气冷凝管	
蒸馏头	克氏蒸馏头	蒸馏弯管	Y形加料管	油水分器
滴液漏斗	恒压滴液漏斗	旋压式滴液漏斗	刺形分馏柱	填充型分馏柱
接引管	真空接引管	接引管	导气接头	抽滤漏斗
温度计套管	搅拌器套管	U形干燥管	直形干燥管	斜形干燥管

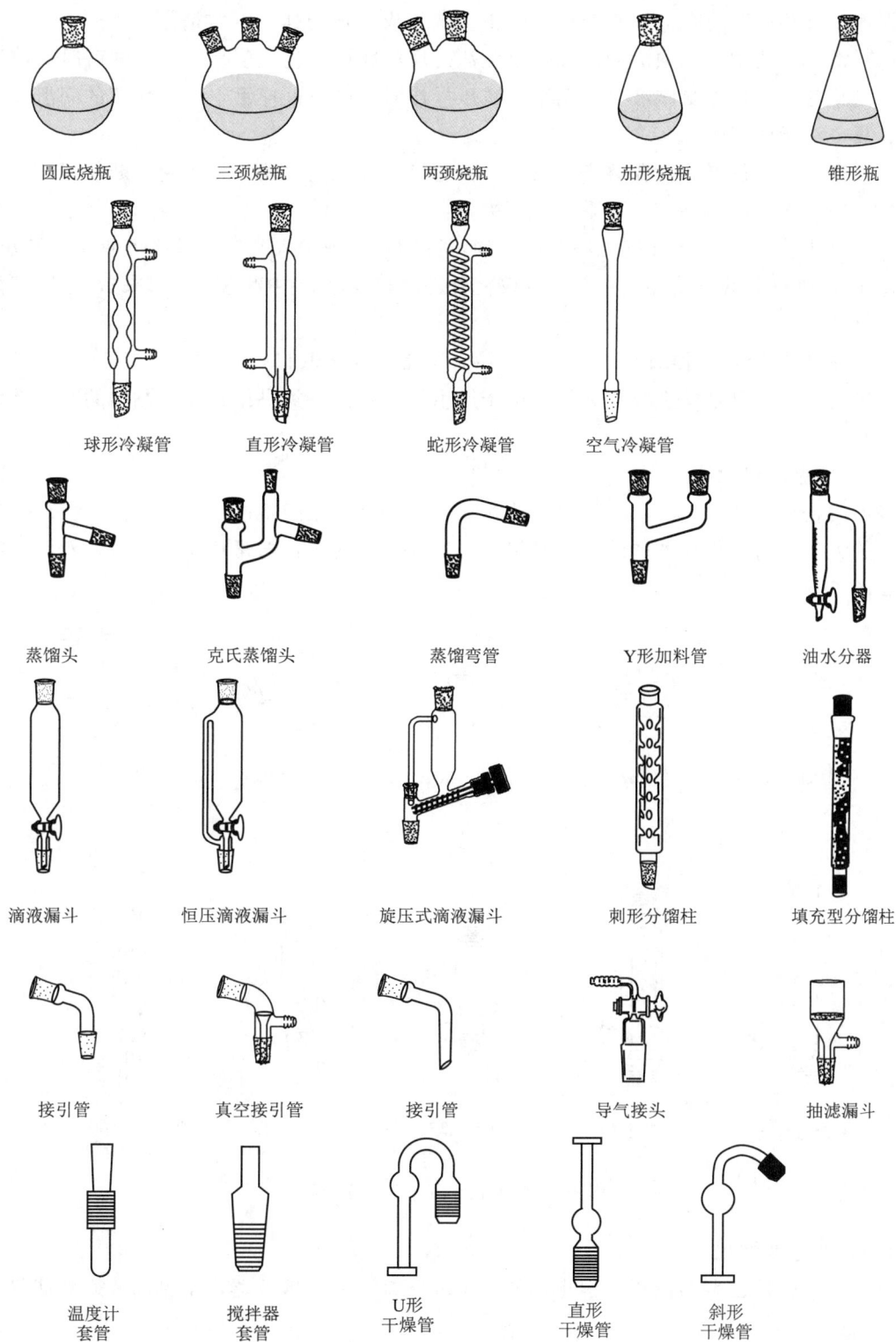

图 1-2 有机化学实验用标准磨口玻璃仪器

涮。避免用去污粉等擦洗，以免损坏磨口。带活塞或塞子的磨口玻璃仪器，活塞或塞子不能随意调换，且存放时应在活塞和磨口之间垫上纸片或涂凡士林，以防粘住。

（3）常压下使用，无须涂润滑油，以免沾污反应物或产物。但反应中有强碱时，应涂润滑剂，以免磨口连接处受碱液腐蚀粘牢。减压操作时，磨口处应涂上一层薄薄的润滑脂（凡士林、真空油脂或硅酯）。

（4）安装时，仪器装置要整齐、正确，使磨口连接处受力均匀，以免折断仪器。

（5）一旦发生磨口黏结，可采取以下措施：

① 将磨口竖立，往上面缝隙滴几滴甘油，待甘油慢慢渗入磨口，最终可使磨口打开；

② 用热风对着磨口外部吹一会儿（仅使外部受热膨胀，内部还未热起来），再试试能否将磨口打开；

③ 将黏结的磨口仪器放在水中逐渐煮沸，常常也能将磨口打开。

如果磨口表面已被碱性物质腐蚀，由于产生了硅酸钠一类黏结物质，黏结的磨口就很难打开了。

（二）微型磨口仪器

微型制备仪器通常用 14/10 标准口连接在一起，接口之间不能使用润滑剂。微型化学实验仪器的大部分为常规仪器的缩放，其组合装置的操作规范仍与常规实验一致，所用的特殊仪器如图 1-3 所示。

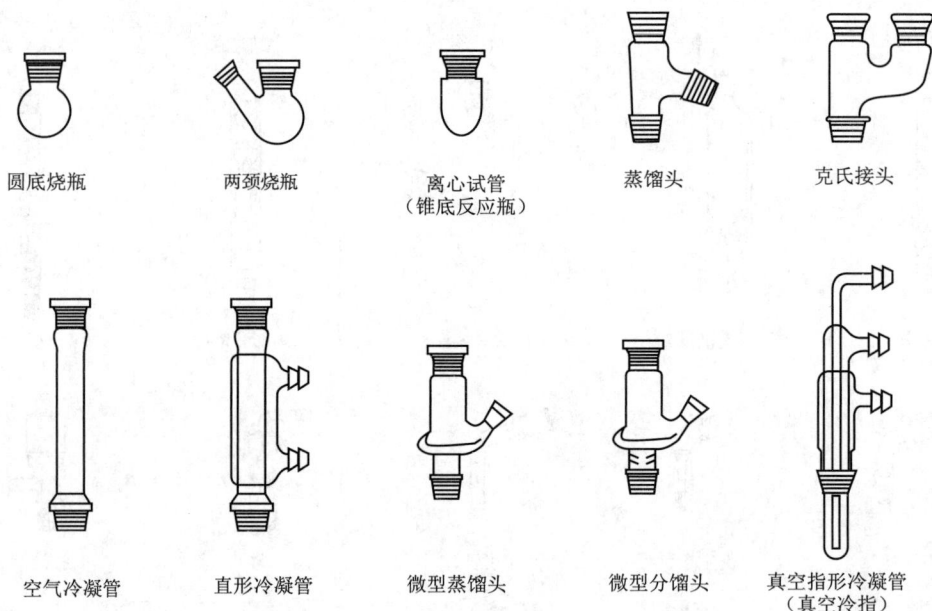

| 圆底烧瓶 | 两颈烧瓶 | 离心试管（锥底反应瓶） | 蒸馏头 | 克氏接头 |

| 空气冷凝管 | 直形冷凝管 | 微型蒸馏头 | 微型分馏头 | 真空指形冷凝管（真空冷指） |

图 1-3　微型化学制备仪器示意图

（三）普通玻璃仪器

尽管磨口仪器已普遍使用，但也不能完全取代普通的玻璃仪器，常见的普通玻璃仪器如图 1-4 所示。

（四）有机化学实验常用装置

有机化学实验中常见的实验装置如图 1-5～图 1-11 所示。

分液漏斗

滴液漏斗

玻璃柱

温度计

锥形漏斗

粉末漏斗

烧杯

布氏漏斗

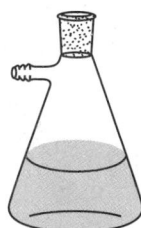

抽滤瓶

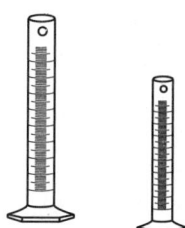

量筒

图 1-4 普通玻璃仪器仪器示意图

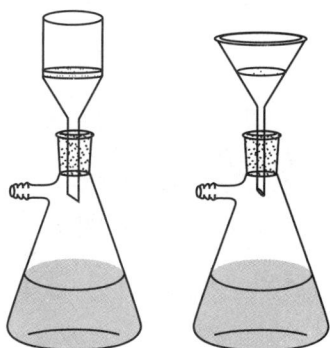

图 1-5 减压过滤装置

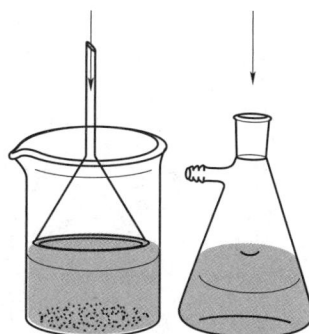

图 1-6 气体吸收装置

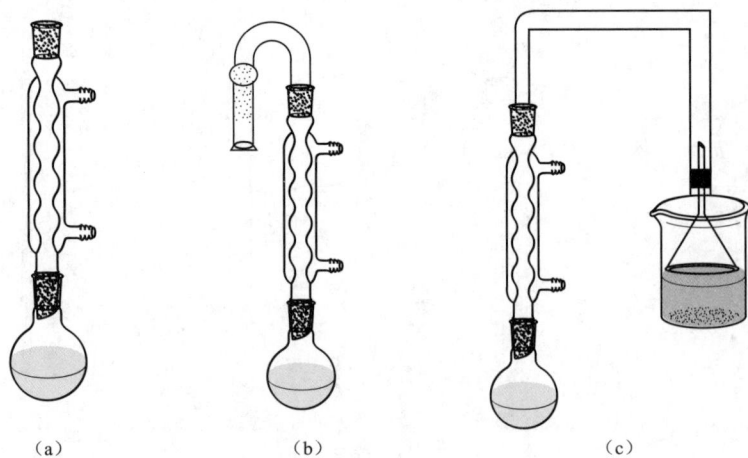

（a）　　　　　　　　（b）　　　　　　　　（c）

图 1-7　常见的回流装置

（a）简单回流装置；（b）带干燥管的回流装置；（c）带气体吸收装置的回流装置

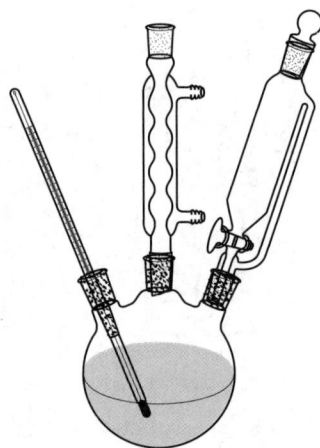

图 1-8　带分水器的回流装置　　　　图 1-9　带有滴加装置的回流装置

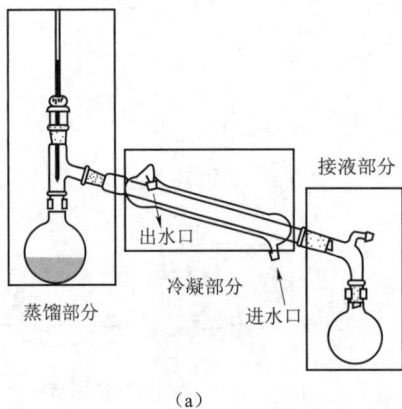

接液部分

出水口

冷凝部分

蒸馏部分

进水口

（a）

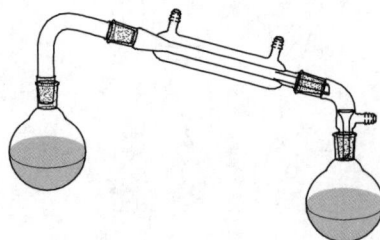

（b）

图 1-10　常见的蒸馏装置

（a）普通蒸馏装置；（b）低沸点液体蒸馏装置

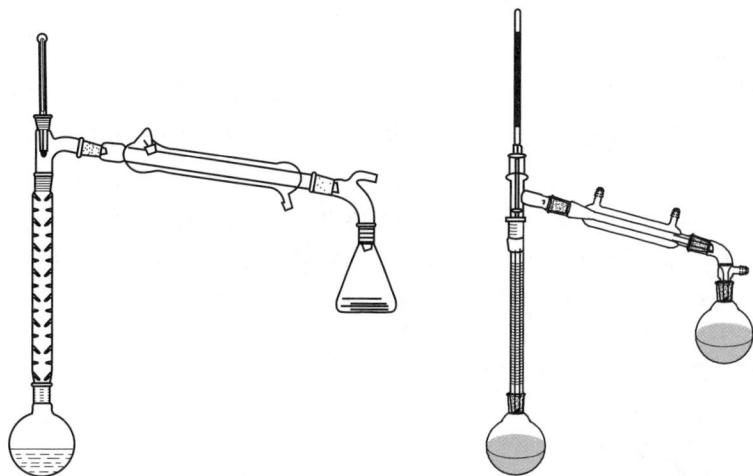

图 1-11　分馏装置

（五）玻璃仪器的清洗

1. 仪器的清洗

实验中所用仪器必须保持洁净，实验台面放置的仪器、用具必须整齐。实验者应养成实验完毕后立即洗净仪器的习惯，因为当时对残渣的成因和性质是清楚的，容易找出合适的处理方法。如酸性或碱性残渣，可分别用碱液和酸液处理。

最简单的清洗方法是用毛刷和去污粉或合成洗衣粉洗刷，再用清水冲洗；对于金属氧化物和碳酸盐，可用盐酸洗；银镜和铜镜可用硝酸洗；对于一些焦油和炭化残渣，若用强酸或强碱洗不掉，可采用铬酸洗液浸洗，有时也可用废弃有机溶剂（回收的有机溶剂）清洗。

一般实验中所用仪器洗净的标准是：仪器倒置时，器壁不挂水珠。

2. 仪器的干燥

① 晾干：洗净的仪器，在规定的地方倒置一段时间，任其自然风干。这是最简单的干燥方法。

② 烘干：一般用电烘箱。洗净的仪器，倒尽其中的水，放入烘箱。箱内温度保持在 $100\sim120$ ℃。烘干后，停止加热，待冷却至室温取出即可。分液漏斗和滴液漏斗，要拔掉活塞或盖子后，才可以加热烘干。

③ 吹干：对冷凝管和蒸馏瓶等，可用电吹风将仪器吹干。

④ 用有机溶剂干燥：对小体积且急需干燥的仪器可用此法。将仪器洗净后，先用酒精或丙酮漂洗，然后用电吹风吹干。用过的溶剂应倒入回收瓶。

四、常见电器与设备

1. 电动搅拌器

电动搅拌器在有机化学实验中，通常用于非均相或生成固体产物的反应。搅拌器的主要组成部分为：电动机、轴承座、机架、联轴器、搅拌轴、叶轮（转速 760 r/min 以下，配减速装置，转速如需可调，还可使用变频电动机＋变频器（图 1-12））。使用时，应注意接上地线，不能超负荷。轴承每学期加一次润滑油，经常保持电动搅拌器清洁干燥，注意防潮、防腐蚀。

2. 磁力搅拌器

磁力搅拌器是用于混合液体的实验室仪器，主要用于搅拌或同时加热搅拌低黏稠度的液体或固液混合物。其基本原理是磁场的同性相斥、异性相吸，使用磁场推动放置在容器中带磁性的搅拌子进行圆周运转，从而达到搅拌液体的目的。配合温制加热系统，可以根据具体的实验要求加热并控制样本温度，维持实验条件所需的温度条件，保证液体混合达到实验需求（图1-13）。使用时应注意接上地线，不能超负荷。使用时间不宜过长，不搅拌不加热。保持清洁干燥，严禁溶液流入机内，以免损坏机器。

| 图 1-12　电动搅拌器示意图 | 图 1-13　恒温磁力搅拌器示意图 |

3. 电热套

电热套是实验室通用加热仪器的一种，由无碱玻璃纤维和金属加热丝编制的半球形加热内套和控制电路组成，多用于玻璃容器的精确控温加热。具有升温快、温度高、操作简便、经久耐用的特点，是做精确控温加热实验的最理想仪器。

4. 烘箱

电热鼓风干燥箱又名"烘箱"，顾名思义，采用电加热方式进行鼓风循环干燥实验。分为鼓风干燥和真空干燥两种，鼓风干燥就是通过循环风机吹出热风，保证箱内温度平衡；真空干燥是采用真空泵将箱内的空气抽出，让箱内大气压低于常压，使产品在一个很干净的状态下做实验（图1-14）。一般分为镀锌钢板和不锈钢内胆的，指针的和数显的，自然对流和鼓风循环的，常规烘箱和真空类型的。烘箱是一种常用的仪器设备，主要用来烘干玻璃仪器或者干燥样品，也可以提供实验所需的温度环境。切忌将挥发性、易燃易爆物品放入烘箱烘烤。橡皮塞、塑料制品不能放入烘箱烘烤。从烘箱中取样品时，一定要戴绝缘手套，以免烫伤。

5. 气流烘干器

气流烘干器是实验室快速干燥玻璃仪器的设备。使用时将仪器洗干净后，甩掉多余的水分，然后将仪器套在烘干器上的多孔金属管上（图1-15）。使用时间不宜过长，以免烧坏电动机和电热丝。

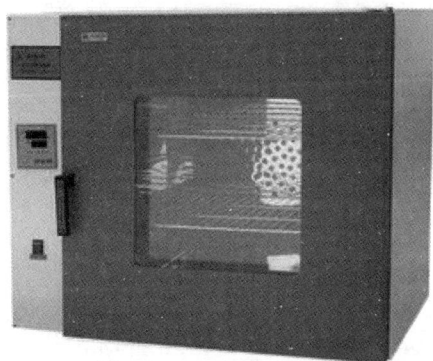

图 1-14 电热鼓风干燥箱示意图

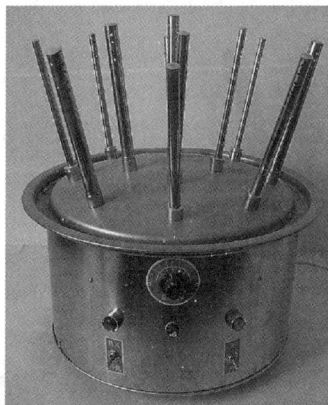

图 1-15 气流烘干器示意图

6. 电吹风

电吹风是实验室快速干燥玻璃仪器的设备。吹风机手柄上的选择开关一般分为三挡，即关闭挡、冷风挡、热风挡，并附有颜色为白、蓝、红的指示牌。有些吹风机的手柄上还装有电动机调速开关，供选择风量的大小及热风温度高低时使用。使用吹风机时，其进出风口必须保证畅通无阻，否则不但达不到使用效果，还会造成过热而烧坏器具。

7. 电子天平

电子天平是实验室用于称量物体质量的仪器。电子天平是用电磁力平衡被称物体重力的天平，一般采用应变式传感器、电容式传感器、电磁平衡式传感器（图 1-16）。其特点是称量准确可靠、显示快速清晰，并且具有自动检测系统、简便的自动校准装置以及超载保护等装置。

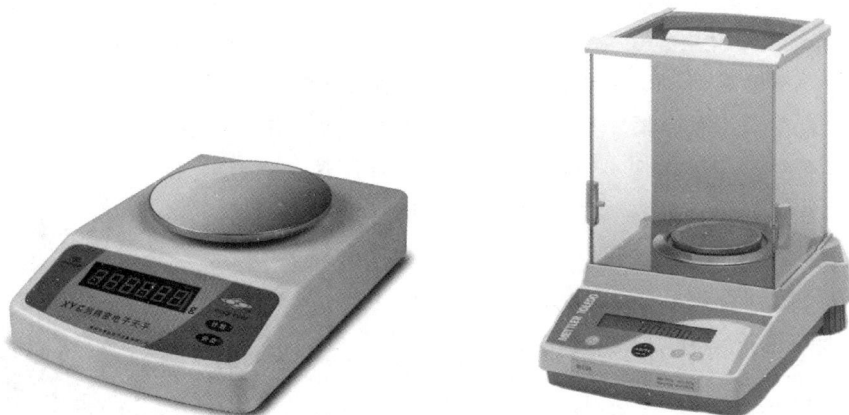

图 1-16 电子天平示意图

电子天平是一种比较精密的仪器，因此，使用时应注意维护和保养：

① 将天平置于稳定的工作台上，避免振动、气流及阳光照射。

② 在使用前调整水平仪气泡至中间位置。

③ 称量易挥发和具有腐蚀性的物品时，要盛放在密闭的容器中，以免腐蚀或损坏电子天平。

④ 操作天平不可过载使用，以免损坏天平。

⑤ 天平内应放置干燥剂，常用变色硅胶，应定期更换。

8. 循环水式多用真空泵

循环水式多用真空泵是实验室常用的减压设备，一般用于对真空度要求不高的减压体系中。循环水式多用真空泵以循环水作为工作流体，利用射流产生负压原理而设计的一种新型多用真空泵，为化学实验室提供真空条件，并能向反应装置提供循环冷却水（图1-17）。循环水式多用真空泵广泛应用于蒸发、蒸馏、结晶、过滤、减压等实验操作中。使用时应经常补充和更换水泵中的水，以保持泵的清洁和真空度。

图 1-17　循环水式多用真空泵示意图

9. 油泵

油泵是实验室常用的减压设备，常用于对真空度要求较高的减压体系中。其效能取决于泵的结构及油的好坏（有的蒸气压越低越好），好的真空泵，真空度可达 1.33 Pa。油泵的结构越精密，对工作条件要求越高。为保障油泵正常工作，使用时要防止有机溶剂、水蒸气或酸气等被抽进泵内腐蚀泵体，污染泵油，增大蒸气压。使用时，为保护泵体，在整流系统和油泵之间安装合格的冷阱、安全防护、污染防护和测压装置。使用完毕后，封好防护塔、测压和减压系统，置于干燥无腐蚀的地方。

10. 集热式磁力搅拌器

集热锅用优质不锈钢冲压而成，与特制加热管和耐高温密封组合，可加水（水浴）、加油（油浴），以及干烧，也是其主要优点所在。加热部分与电气箱之间采用散热板隔离，在高温加热搅拌下，不影响整机电气性能。使用时，接通电源，盛杯准备就绪，打开不锈钢容器盖，将盛杯放置在不锈钢容器中间，往不锈钢容器中加入导热油或硅油至恰当高度，将搅拌子放入盛杯溶液中。开启电源开关，指示灯亮，将调速电位器按顺时针方向旋转，搅拌转速由慢到快。调节到要求转速为止。要加热时，连接温度传感器探头，将探头夹在支架上，移动支架使温度传感器探头插入溶液中不少于 5 cm，但不能影响搅拌。开启控温开关，设定所需温度，按控温仪上的"＋""－"按钮设置需恒温温度，表头显示数值为盛杯中实际温度，加热停止，自动恒温。集热式磁力搅拌器仪器可长时间连续加热恒温（图1-18）。

注意事项：

① 不锈钢容器没有加入导热油及没有连接温度传感器时，请千万不要开启控温开关，以免电热管及恒温表损坏。

② 搅拌时，如发现搅拌子不同步跳动，或不运转，应

图 1-18　集热式磁力搅拌器示意图

切断电源，检查容器底面是否平整地置于锅中心处。

③ 仪器使用应保持整洁，若长期不用，应切断电源。

④ 为保安全，防止电击伤人，使用时请将三脚安全插座接上地线。

11. 旋转蒸发仪

旋转蒸发仪是实验室广泛应用的一种蒸发仪器，主要是由电动机、蒸馏瓶、加热锅、冷凝管等部分组成（图 1-19）。适用于回流操作、大量溶剂的快速蒸发、微量组分的浓缩和需要搅拌的反应过程等。旋转蒸发器系统可以密封减压至 $400 \sim 600$ mmHg[①]；用加热浴加热蒸馏瓶中的溶剂，加热温度可接近该溶剂的沸点；同时，还可进行旋转，速度为 $50 \sim 160$ r/min，使溶剂形成薄膜，增大蒸发面积。此外，在高效冷却器作用下，可将热蒸气迅速液化，加快蒸发速率。旋转蒸发器主要用于浓缩、结晶、干燥、分离及溶媒回收，特别适用于对高温容易分解变性的生物制品的浓缩提纯。

使用方法：

图 1-19　旋转蒸发仪示意图

① 高低调节：手动升降，转动机柱上面的手轮，顺转为上升，逆转为下降；电动升降，手触上升键主机上升，手触下降键主机下降。

② 冷凝器上有两个外接头是接冷却水用的，一头接进水，另一头接出水，一般接自来水，冷凝水温度越低，效果越好。上端口装抽真空接头，用于抽真空时接真空泵皮管。

③ 开机前先将调速旋钮左旋到最小，按下电源开关，指示灯亮，然后慢慢往右旋至所需要的转速，一般大蒸发瓶用中、低速，黏度大的溶液用较低转速。烧瓶是标准接口 24 号，随机附 500 mL、1 000 mL 两种烧瓶，溶液量以一般不超过 50% 为适宜。

④ 使用时，应先减压，再开动电动机转动蒸馏烧瓶，结束时，应先停电动机，再通大气，以防蒸馏烧瓶在转动中脱落。

仪器保养：

① 用前仔细检查仪器，确定玻璃瓶是否有破损，各接口是否吻合，注意轻拿轻放。

② 用软布（可用餐巾纸替代）擦拭各接口，然后涂抹少许真空脂。真空脂用后一定要盖好，防止灰砂进入。

③ 各接口不可拧得太紧，要定期松动活络，避免长期紧锁导致连接器咬死。

④ 先开电源开关，然后让机器由慢到快运转，停机时要使机器处于停止状态，再关开关。

⑤ 各处的聚四氟开关不能过力拧紧，容易损坏玻璃。

⑥ 每次使用完毕必须用软布擦净留在机器表面的油迹、污渍、溶剂剩留，保持清洁。

⑦ 停机后拧松各聚四氟开关，长期静止在工作状态会使聚四氟活塞变形。

⑧ 定期对密封圈进行清洁，方法是：取下密封圈，检查轴上是否积有污垢，用软布擦干净，然后涂少许真空脂，重新装上即可，保持轴与密封圈滑润。

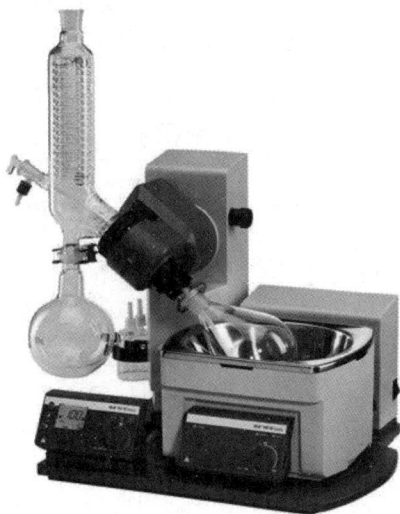

---

① 　1 mmHg＝133 Pa。

⑨ 电气部分切不可进水，严禁受潮。

注意事项：

① 玻璃零件接装时应轻拿轻放，装前应洗干净，擦干或烘干。

② 各磨口、密封面、密封圈及接头，安装前都需要涂一层真空脂。

③ 加热槽通电前必须加水，不允许无水干烧。

④ 如真空抽不上来，需检查：各接头、接口是否密封；密封圈、密封面是否有效；主轴与密封圈之间真空脂是否涂好；真空泵及其皮管是否漏气；玻璃件是否有裂缝、碎裂、损坏的现象。

⑤ 关于真空度。

真空度是旋转蒸发器最重要的工艺参数，而用户经常会遇到真空度不够问题。这常常和使用的溶媒性质有关。生化制药等行业常常用水、乙醇、乙酸、石油醚、氯仿等作溶媒，而一般真空泵不能耐强有机溶媒，可选用耐强腐蚀特种真空泵。

检验仪器是否漏气的方法：——弯折并夹紧外接真空皮管，切断气流，观察仪器上真空表能否保持 5 min 不漏气。如有漏气，则应检查各密封接头和旋转轴上密封圈是否有效；反之，若仪器正常，就要检查真空泵和真空管道。

12. 钢瓶

钢瓶用于储存高压氧气、煤气、石油液化气等。气体钢瓶一般盛装永久气体、液化气体或混合气体。钢瓶的一般工作压力都在 150 kg/cm² 左右。按国家标准规定，钢瓶涂成各种颜色以示区别，例如：氧气钢瓶为天蓝色、黑字；氮气钢瓶为黑色、黄字；压缩空气钢瓶为黑色、白字；氯气钢瓶为草绿色、白字；氢气钢瓶为深绿色、红字；氨气钢瓶为黄色、黑字；石油液化气钢瓶为灰色、红字；乙炔钢瓶为白色、红字；等等。

氧气钢瓶运输和储存期间不得暴晒，不能与易燃气体钢瓶混装、并放。瓶嘴、减压阀及焊枪上均不得有油污，否则，高压氧气喷出后会引起自燃！

使用方法：

① 使用前要检查连接部位是否漏气，可涂上肥皂液进行检查，确认不漏气后才进行实验。

② 在确认减压阀处于关闭状态（调节螺杆松开状态）后，逆时针打开钢瓶总阀，并观察高压表读数，然后逆时针打开减压阀左边的一个小开关，再顺时针慢慢转动减压阀调节螺杆（T 字旋杆），使其压缩主弹簧将活门打开。使减压表上的压力处于所需压力，记录减压表上的压力数值。

③ 使用结束后，先顺时针关闭钢瓶总开关，再逆时针旋松减压阀。

注意事项：

① 室内必须通风良好，保证空气中氢气最高含量不超过 1%（体积比）。室内换气次数每小时不得少于 3 次，局部通风每小时换气次数不得少于 7 次。

② 氧气瓶与盛有易燃、易爆物质及氧化性气体的容器和气瓶的间距不应小于 8 m。

③ 与明火或普通电气设备的间距不应小于 10 m。

④ 与空调装置、空气压缩机和通风设备等吸风口的间距不应小于 20 m。

⑤ 与其他可燃性气体储存地点的间距不应小于 20 m。

⑥ 禁止敲击、碰撞；气瓶不得靠近热源；夏季应防止暴晒。

⑦ 必须使用专用的氧气减压阀，开启气瓶时，操作者应站在阀口的侧后方，动作要轻缓。

⑧ 阀门或减压阀泄漏时，不得继续使用；阀门损坏时，严禁在瓶内有压力的情况下更换阀门。

⑨ 瓶内气体严禁用尽，应保留 0.5 MPa 以上的余压。

13. 减压器

减压器是将高压气体降为低压气体，并保持输出气体的压力和流量稳定不变的调节装置（图 1-20）。由于气瓶内压力较高，而使用时所需的压力却较小，所以需要用减压器来把储存在气瓶内的较高压力的气体降为低压气体，并应保证所需的工作压力自始至终保持稳定状态。减压器可分为氧气减压器、氮气减压器、空气减压器、氢气减压器、氩气减压器、乙炔减压器、氦气减压器、二氧化碳减压器和含有腐蚀性质的不锈钢减压器等。需要注意的是，氢气瓶和减压阀之间的连接是反牙的。

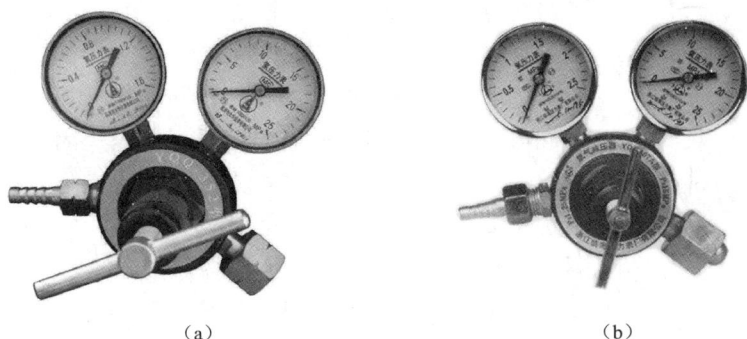

（a）　　　　　　　　　　　　　　　　（b）

图 1-20　减压器示意图
（a）氢气减压阀；（b）氧气减压阀

使用减压器应按下述规则执行：

① 氧气瓶放气或开启减压器时动作必须缓慢。如果阀门开启速度过快，减压器工作部分的气体因受绝热压缩而温度大大提高，这样有可能使由有机材料制成的零件如橡胶填料、橡胶薄膜、纤维质衬垫着火烧坏，并可使减压器完全烧坏。另外，由于放气过快产生的静电火花以及减压器有油污等，也会引起着火燃烧，烧坏减压器零件。

② 减压器安装前及开启气瓶阀时的注意事项：安装减压器之前，要略打瓶阀门，吹除污物，以防灰尘和水分带入减压器。在开启气瓶阀时，瓶阀出气口不得对准操作者或他人，以防高压气体突然冲出伤人。减压器出气口与气体橡胶管接头处必须用退过火的铁丝或卡箍拧紧；防止送气后脱开发生危险。

③ 减压器装卸及工作时的注意事项：装卸减压器时，必须注意防止管接头丝扣滑牙，以免旋装不牢而射出。在工作过程中，必须注意观察工作压力表的压力数值。停止工作时，应先松开减压器的调压螺钉，再关闭氧气瓶阀，并把减压器内的气体慢慢放尽，这样，可以保护弹簧和减压活门免受损坏。工作结束后，应从气瓶上取下减压器，加以妥善保存。

④ 减压器必须定期校修，压力表必须定期检验。这样做是为了确保调压的可靠性和压力表读数的准确性。在使用中如发现减压器有漏气现象、压力表针动作不灵等，应及时维修。

⑤ 减压器冻结的处理。减压器在使用过程中如发现冻结，用热水或蒸汽解冻，绝不能用火焰或红铁烘烤。减压器加热后，必须吹掉其中残留的水分。

⑥ 减压器必须保持清洁。减压器上不得沾染油脂、污物，如有油脂，必须擦拭干净后

才能使用。

⑦ 各种气体的减压器及压力表不得调换使用，如用于氧气的减压器不能用于乙炔、石油气等系统中。

14. 高压反应釜

高压反应釜是一种间歇操作的适用于在高温高压下进行化学反应的容器。在有机合成中常用于固体催化剂存在下进行的氢化反应及高分子合成中的聚合反应等（图1-21）。高压反应釜由反应容器、搅拌器及传动系统、冷却装置、安全装置、加热炉等组成。高压反应釜的容积规格一般为 0.25～5 L，设计压力一般为 0～35 MPa，使用温度一般为 450 ℃，搅拌转速一般为 0～1 000 r/min 无级调速。

使用实验室反应釜必须关闭冷媒进管阀门，放进锅内和夹套内的剩余冷媒，再输入物料，开动搅拌器，然后开启蒸汽阀门和电热电源。到达所需温度后，应先关闭蒸汽阀门和电热电源，过 2～3 min 后，再关搅拌器。加工结束后，放尽锅内和夹套中剩余冷凝水后，应尽快用温水冲洗，刷掉黏糊着的物料，然后用 40～50 ℃碱水在容器内壁全面清洗，并用清水冲洗。特别是在锅内无物料（吸热介质）的情况下，不得开启蒸

图1-21 高压反应釜示意图

汽阀门和电热电源。特别注意使用蒸汽压力，不得超过定额工作压力。

保养实验室反应釜要经常注意整台设备和减速器的工作情况。减速器润滑油不足，应立即补充，电加热介质油每半年要进行更换，夹套和锅盖上等部位的安全阀、压力表、温度表、蒸馏孔、电热棒、电器仪表等，要应定期检查，如果有故障，要及时调换或修理。设备不用时，一定要用温水在容器内外壁全面清洗，经常擦洗锅体，保持外表清洁和内胆光亮，达到耐用的目的。

15. 紫外分析仪

紫外分析仪适用于核酸电泳、荧光的分析、检测，PCR 产物检测，DNA 指纹图谱分析，是开展 RFLP 研究、RAPD 产物分析的理想仪器。该仪器由紫外线灯管及滤光片组成，设置三个开关键，分别控制点样灯、254 nm 和 365 nm 紫外灯，且相互独立，当需要某一灯工作时，按下相应开关键即可（图1-22）。在科学实验工作中，它是检测许多主要物质如蛋白质、核苷酸等的必要仪器；在药物生产和研究中，可用来检查激素生物碱、维生

图1-22 紫外灯示意图

素等各种能产生荧光药品的质量。它特别适用于薄层分析、纸层分析斑点和检测。

五、有机化学反应实施方法

（一）加热和冷却

1. 加热

有些有机反应在常温下很难进行，或反应速率很慢，因此，常需要加热来使反应加速。一般反应温度每提高 10 ℃，反应速率就相应增加一倍。实验中常采用的加热方法有直接加

热、热浴加热和电热套加热。

（1）直接加热：在玻璃仪器下垫石棉网进行加热时，灯焰要对着石棉块，不要偏向铁丝网，否则造成局部受热，仪器受热不均匀，甚至发生仪器破损。这种加热只适用于沸点高而且不易燃烧的物质。

（2）水浴加热：加热温度在 80 ℃ 以下时可用水浴。加热时，将容器下部浸入热水中（水浴的液面应略高于容器中的液面），切勿使容器接触水浴容器的底部。调节灯焰的大小，使浴中水温控制在所需的温度范围之内。若需要加热到接近 100 ℃，可用沸水浴或水蒸气浴。在使用水浴加热时，由于水会不断被蒸发，应注意及时补加热水。

（3）油浴加热：如果加热温度在 80～250 ℃ 之间，可用油浴。常用的油类见表 1-2。使用油浴加热时要特别小心，防止着火。当油浴受热冒烟时，应立即停止加热。油浴中应挂一温度计，可以观察油浴的温度和有无过热现象，同时便于调节控制温度。温度不能过高，否则受热后有溢出的危险。使用油浴时，要竭力防止产生可能引起油浴燃烧的因素。注意油浴温度不要超过其所能达到的最高温度。在植物油中加入 1% 的对苯二酚，可增加其热稳定性。

表 1-2　常用的油浴

油类	液体石蜡	豆油和棉籽油	硬化油	甘油和邻苯二甲酸二丁酯
可加热的最高温度/℃	220	200	250	140～180

（4）沙浴加热：加热温度在 250～350 ℃ 之间可用沙浴。一般用铁盘装沙，将容器下部埋在沙中，并保持底部有薄的沙层，四周的沙稍厚些。因为沙子的导热效果较差，温度分布不均匀，温度计水银球要紧靠容器。

（5）电热套加热：电热套用玻璃纤维丝与电热丝编织成半圆形的内套，外边加上金属外壳，中间填上保温材料。加热温度用调压变压器控制，最高温度可达 400 ℃ 左右。根据内套容积的大小（单位：mL）分为 50、100、150、200、250 等规格，最大可到 3 000 mL。此设备不用明火加热，使用较安全。由于它的结构是半圆形的，在加热时，烧瓶处于热气流中，因此，加热效率较高。使用时应注意，不要将药品洒在电热套中，以免加热时药品挥发、污染环境，同时，避免电热丝被腐蚀而断开。电热套用完后应放在干燥处，否则内部器件吸潮后会降低绝缘性能。

2. 冷却

有些放热反应中，随着反应的进行，温度不断上升，反应愈加猛烈，而同时副反应也增多。因此，必须用适当的冷却剂，使反应温度控制在一定范围内。此外，冷却也用于减少某化合物在溶剂中的溶解度，以得到更多的结晶。

根据冷却的温度不同，可选用不同的冷却剂。最简单的方法是将反应容器浸在冷水中，若反应要求在室温以下进行，可选用冰或冰-水作冷却剂。若水对整个反应无影响，也可将冰块直接投入反应容器内。

如果要进行 0 ℃ 以下的冷却，可用碎冰加无机盐的混合物作冷却剂。注意，在制备冷却剂时，应把盐研细，再与冰按一定比例混合。

固体二氧化碳（干冰）和某些有机溶剂（乙醇、氯仿等）混合，可得到更低温度

（$-50\sim-78$ ℃）。使用低温制冷剂时，应戴防护手套、护面罩或护目镜，防止冷却剂接触皮肤和飞溅入眼睛，以免冻伤。低温（-38 ℃以下）测量，应使用专用低温温度计，因为在-38.8 ℃温度时，汞发生凝固。

各种冷却剂的组成及其可达到的最低温度见表1-3。

表 1-3　各种冷却剂的组成及其可达到的最低温度

冷却剂组成	混合比（质量比）	温度/℃	备　　注
碎冰或冰-水	—	$-5\sim0$	
碎冰＋NH_4Cl	4：1	-15	盐混合剂均在混合前冷却至 0 ℃
碎冰＋NaCl	3：1	-20	实际操作为$-5\sim-18$ ℃，需边加盐边搅拌
碎冰＋$CaCl_2\cdot6H_2O$	10：3	-11	
碎冰＋$CaCl_2\cdot6H_2O$	10：8.2	-20	
碎冰＋$CaCl_2\cdot6H_2O$	10：12.5	-40	实际可达$-20\sim-40$ ℃
碎冰＋$CaCl_2\cdot6H_2O$	10：14.3	-55	
干冰＋乙醇	—	-72	实际操作中，边加干冰边搅拌，随着干冰量的增加，可以得到$-25\sim-72$ ℃之间的各个温度
干冰＋异丙醇	—	-72	
干冰＋丙酮	—	-78	
干冰＋乙醚	—	$-78\sim-100$	
液氮	—	-195	

（二）干燥

干燥是指除去固体、液体和气体内少量水分（也包括除去有机溶剂）。有机化学实验中，干燥是既普遍又重要的基本操作之一。例如，样品的干燥与否直接会影响到熔点、沸点测定的准确性；有些有机反应，要求原料和产品"绝对"无水，为防止在空气中吸潮，在与空气相通的地方，还必须安装各种干燥管。因此，对干燥操作必须严格要求，认真对待。

干燥方法一般可分为物理法和化学法。

物理法有吸附、分馏及共沸蒸馏等。此外，离子交换树脂和分子筛也常用于脱水干燥。离子交换树脂是一种不溶于水、酸、碱和有机物的高分子聚合物。分子筛是多水硅酸盐晶体。它们的内部都有许多空隙或孔穴，可以吸附水分子。加热后，又释放出水分子，故可以反复使用。

化学法是用干燥剂去水。按其去水作用可分为两类：第一类与水可逆地结合生成水合物，如无水氯化钙、无水硫酸镁等。第二类与水不可逆地生成新的化合物，如金属钠、五氧化二磷等。实验中，应用较广的是第一类干燥剂。

1. 液体化合物的干燥

（1）利用分馏或生成共沸化合物去水：对于不与水生成共沸化合物的液体有机化合物，若其沸点与水相差较大，可用精密分馏柱分开。还可利用某些化合物与水可形成共沸化合物的特性，向待干燥的有机物中加入另一有机物，利用该有机物与水形成的共沸化合物的共沸点低于待干燥有机物沸点的性质，在蒸馏时将水逐渐带出，从而达到干燥的目的。

（2）使用干燥剂去水。

干燥剂的选择：选择干燥剂时，除了考虑其干燥效能外，还应注意以下几点，否则，将失去干燥的意义。

① 不能与被干燥的有机物发生任何化学反应或催化作用；

② 不溶于该有机物中；

③ 干燥速度快、吸水量大、价格低廉。

干燥剂的效能：干燥剂的效能是指达到平衡时液体被干燥的程度。对于形成水合物的无机盐类干燥剂，常用吸水后结晶水的蒸气压来表示。例如，硫酸钠形成 10 个结晶水的化合物，其吸水容量（单位质量干燥剂所吸的水量）达 1.25；氯化钙最多形成 6 个结晶水的化合物，其吸水容量达 0.97，在 25 ℃时，二者水蒸气压分别为 253.27 Pa 及 39.99 Pa。因此，尽管硫酸钠的吸水容量较大，但干燥效能弱；氯化钙则相反。所以，在干燥含水量较多而又不易干燥的化合物时，常先用吸水量较大的干燥剂除去大部分水，然后用干燥效能强的干燥剂进行干燥。一些有机溶剂常用的干燥剂见表 1-4。

表 1-4 各类有机物常用的干燥剂

化合物类型	干燥剂	化合物类型	干燥剂
烃	$CaCl_2$、Na、P_2O_5	酮	K_2CO_3、$CaCl_2$、$MgSO_4$、Na_2SO_4
卤代烃	$MgSO_4$、Na_2SO_4、$CaCl_2$、P_2O_5	酸、酚	$MgSO_4$、Na_2SO_4
醇	K_2CO_3、$MgSO_4$、Na_2SO_4、CaO	酯	$MgSO_4$、Na_2SO_4、K_2CO_3
醚	$CaCl_2$、Na、P_2O_5	胺	KOH、$NaOH$、K_2CO_3、CaO
醛	$MgSO_4$、Na_2SO_4	硝基化合物	$CaCl_2$、$MgSO_4$、Na_2SO_4

干燥剂的用量：可根据干燥剂的吸水量、液体有机物的分子结构以及水在其中的溶解度来估计干燥剂的用量。一般对于含亲水基团的化合物（如醇、醚、胺等），干燥剂的用量要过量多些，而不含亲水基团的化合物要尽量少些。由于各种因素的影响，很难规定具体的用量。大体上说，每 10 mL 液体需 0.5～1 g。

但在干燥前，要尽量分净待干燥液体中的水，不应有任何可见水层及悬浮水珠。将液体置于锥形瓶中，加入干燥剂（其颗粒大小应适宜。太大，吸水缓慢；过细，吸附有机物较多，且难以分离），塞紧瓶口，振荡片刻，静置观察。若发现干燥剂黏结于瓶壁，应补加干燥剂。然后放置至少 0.5 h 以上，最好过夜。有时干燥前液体显混浊，干燥后可变为澄清，这并不一定说明液体已完全不含水分，澄清与否和水在该化合物中的溶解度有关。然后将已干燥的液体用滤纸过滤入蒸馏瓶中进行蒸馏。

使用干燥剂时应注意，温度对干燥剂效能影响较大。温度越高，水蒸气压越大，干燥性能越低。反之，温度越低，干燥性能越高。因此，蒸馏干燥液时，应先把干燥剂滤除干净，否则影响干燥效果。常用干燥剂的性能与应用范围见表 1-5。

表 1-5　常用干燥剂的性能与应用范围

干燥剂	吸水作用	吸水容量	干燥性能	干燥速度	应用范围
氯化钙	形成 $CaCl_2 \cdot nH_2O$ $n=1,2,4,6$	0.97 （按 $n=6$ 计）	中等	较快	常用作气体和液体的干燥剂，但不能用于醇、酚、胺、酰胺及某些醛、酮的干燥
硫酸镁	形成 $MgSO_4 \cdot nH_2O$ $n=1,2,4,5,6,7$	1.05 （按 $n=7$ 计）	较弱	较快	干燥酯、醛、酮、腈、酰胺等
硫酸钠	$Na_2SO_4 \cdot 10H_2O$	1.25	弱	缓慢	一般用于有机液体的初步干燥
硫酸钙	$CaSO_4 \cdot H_2O$	0.06	强	快	作最后干燥之用（与硫酸镁配合）
氢氧化钾（钠）	溶于水	—	中等	快	用于干燥胺、杂环等碱性化合物
金属钠	$Na+H_2O \longrightarrow$ $NaOH+1/2H_2$	—	强	快	只用于干燥醚、烃类中少量水分
氧化钙	$CaO+H_2O \longrightarrow$ $Ca(OH)_2$	—	强	较快	用于干燥低级醇类
五氧化二磷	$P_2O_5+3H_2O \longrightarrow$ $2H_3PO_4$	—	强	快	用于干燥醚、烃、卤代烃、腈
分子筛	物理吸附	0.25	强	快	用于干燥各类有机物

2. 固体有机化合物的干燥

固体有机化合物的干燥主要是指除去残留在固体中的少量低沸点有机溶剂。

（1）干燥方法。

自然干燥：适用于干燥在空气中稳定、不分解、不吸潮的固体。干燥时，把待干燥的物质放在干燥洁净的表面皿或其他敞口容器中，薄薄摊开，任其在空气中通风晾干。这是最简便、最经济的方法。

加热干燥：适用于熔点较高且遇热不分解的固体。把待干燥的固体放在表面皿或蒸发皿中，用恒温箱或红外灯烘干。注意加热温度必须低于有机化合物的熔点。

干燥器干燥：凡易吸潮分解或升华的物质，最好放在干燥器内干燥。干燥器中常使用的干燥剂见表 1-6。

表 1-6　干燥器中常使用的干燥剂

干燥剂	吸去的溶剂或其他杂质
CaO	水、蜡酸、氯化氢
$CaCl_2$	水、醇

续表

干燥剂	吸去的溶剂或其他杂质
NaOH	水、蜡酸、氯化氢、酚、醇
H_2SO_4 *	水、蜡酸、醇
P_2O_5	水、醇
石蜡片	醇、醚、石油醚、苯、甲苯、氯仿、四氯化碳
硅胶	水

* 真空干燥器中不宜用浓硫酸。普通干燥器用浓硫酸（相对密度 1.84），每 1 000 mL 硫酸含 18 g 硫酸钡。当硫酸浓度下降至 93％时，即有针状结晶（$BaSO_4 \cdot 2H_2SO_4 \cdot H_2O$）析出，再降至 84％，结晶变得很细，此时应更换。

（2）干燥器的类型。

普通干燥器：因其干燥效率不高且需要时间较长，一般用于保存易吸潮的药品。

真空干燥器：它的干燥效率比普通干燥器的好。使用时，注意真空度不宜过高。一般以水泵抽至盖子推不动即可。启盖前，必须首先缓缓放入空气，然后启盖，防止气流冲散样品。

真空恒温干燥器：干燥效率高，特别适用于除去结晶水或结晶醇。此法仅适用于少量样品的干燥。

3. 气体的干燥

气体的干燥主要用吸附法。

（1）用吸附剂吸水：吸附剂是指对水有较大亲和力，但不与水形成化合物，且加热后可重新使用的物质，如氧化铝、硅胶等。前者吸水量可达其质量的 15％～25％；后者可达其质量的 20％～30％。

（2）用干燥剂吸水：装干燥剂的仪器一般有干燥管、干燥塔、U 形管及各种形式的洗气瓶。前三者装固体干燥剂，后者装液体干燥剂。根据待干燥气体的性质、潮湿程度、反应条件及干燥剂的用量可选择不同仪器。一般气体干燥时所用的干燥剂见表 1-7。

表 1-7 干燥气体时所用的干燥剂

干燥剂	可干燥的气体
CaO、NaOH、KOH、碱石灰	NH_3 类
无水 $CaCl_2$	H_2、HCl、CO_2、SO_2、N_2、O_2、低级烷烃、醚、烯烃、卤代烃
P_2O_5	H_2、O_2、CO_2、SO_2、N_2、烷烃、乙烯
浓 H_2SO_4	H_2、N_2、CO_2、Cl_2、HCl
$CaBr_2$、$ZnBr_2$	HBr

为使干燥效果更好，应注意以下几点：

① 用无水氯化钙、生石灰干燥气体时，均应用颗粒状而不用粉末状，以防吸潮后结块堵塞。

② 用气体洗气瓶时，应注意进出管口不能接错。并调好气体流速，不宜过快。

③ 干燥完毕，应立即关闭各通路，以防吸潮。

六、计算机在有机化学实验中的应用

有机化学实验是一门实践性很强的课程，熟练掌握有机化学实验的基本内容，不仅需要有丰富的经验和扎实的理论基础，更要有追踪前沿的能力和利用现代技术手段解决实际问题的能力。因此，计算机在有机化学实验中的应用必不可少，而且其作用也越来越重要。目前，计算机在有机化学实验方面的应用主要有如下几个方面：① 化学结构的平面和立体显示；② 图谱处理与检索；③ 计算机辅助药物分子设计；④ 计算机文献检索与管理。针对这些应用，下面分别简单介绍。

1. 化学结构的平面和立体显示

化学结构式的书写和一般的文字、图形的书写不同，它需要有一些特殊的画图工具，因此，需要有专门的结构式书写软件支持。Microsoft Word 虽然是一个非常强大的图文编辑软件，但没有提供书写化学分子结构式的工具，如使用其他的一些绘图软件如 Windows 自带的"画图"等，由于不是为绘制分子结构式所设计，使用起来非常不方便。目前，有关化学结构式书写的软件非常多，其中比较常用的二维结构式书写软件主要有 ChemWindow、ChemBioDraw、ChemSketch，除此之外，还有一些用来模拟显示三维分子结构的软件，如 ChemBioOffice ChemBio3D、HyperChem、WebLab ViewerPro、ArgusLab 和 RasMol 等。其中一些软件如 ChemBioOffice ChemBio3D 和 HyperChem，还集成了分子力学、分子动力学、半经验以及从头算量子化学计算的部分。应用这些软件，不仅可以绘制和显示三维的分子结构，还可以计算模拟该分子的结构性质，如分子表面、静电势、分子轨道等。下面简单介绍 ChemBioOffice 在有机化学实验中的应用。

ChemBioOffice 是美国 CambridgeSoft 公司为化学工作者和工程师开发提供的高质量的网络应用软件，ChemBioDraw 和 ChemBio3D 是其中与分子结构式绘制有关的两个组件。目前，ChemBioDraw 是世界上最受欢迎、最有应用价值的二维结构式绘制工具。作为一款付费软件，ChemBioOffice 一般有 Std、Pro 和 Ultra 等多种版本，其功能依次增强。ChemBioDraw 最新版本所涉及的范围包括化学作图、分子模型生成、化学数据库信息管理等，并附有在线菜单和多页文件演示，增加了 ChemNMR、光谱化学工具等功能。ChemBioDraw 可编辑与化学有关的一切图形。例如，建立和编辑各类分子式、方程式、结构式、立体图形、对称图形、轨道等，并能对图形进行翻转、旋转、缩放、存储、复制、粘贴等多种操作。除了常规的结构式绘制外，ChemBioDraw 还有几个比较特殊的功能，比如核磁谱的预测（仅 Ultra 版有）、分子物理化学性质预测和标准 IUPAC 命名等。

① ChemBioDraw Ultra 12.0 提供了核磁位移的估计计算（ChemBioNMR Ultra 12.0），可以在选定分子后在"Structure"菜单中选择"Predict 1H-NMR Shifts"或"Predict 13C-NMR Shifts"命令，相应给出分子各个 H 或 C 的位移，列表给出详细资料。

② 选定分子后选择"View"菜单中的"Show Analysis Window"和"Show Chemical Properties Window"命令，可给出精确质量、元素分析和熔点、沸点、生成热等物理化学参数。

③ 选定分子后选择"Structure"菜单中的"Convert Structure to Name"命令，可给出

分子的 IUPAC 命名。

ChemBio3D Ultra 12.0 提供了三维分子结构的显示、计算功能，并附带了分子力学 MM2 程序、半经验量子化学程序 MOPAC 2009，提供了 Gaussian98/03 的接口和 Gamess 接口，是一个非常好的微机版分子 3D 显示和分子模拟程序。除显示分子的 3D 模型外，该软件还可以通过 Gaussian98/03，计算并显示分子的静电势、分子轨道等 3D 结构，是 Gaussian 软件的良好辅助软件。

2. 图谱处理与检索

随着有机物数目的增长和种类的增多，其结构也越来越复杂，因此，对有机物的表征手段也越来越依靠仪器。目前，针对有机物结构表征的手段已经从传统的红外、核磁、质谱扩展到了 X 射线单晶衍射的水平，大量表征仪器的使用使得结构数据也成倍增长，因此，处理这些数据就不能再依靠人工计算的方法，各种谱图处理和检索软件的应用对有机物的结构表征起到了很大的辅助作用。随着计算机软件的不断推陈出新，各种图谱处理软件也在不断地更新版本，比如，用于红外谱图处理与检索的 Omnic 软件，是 Nicolet 公司在 PC 机使用最广泛的窗口软件平台上运行的红外软件，同时也是驱动 Nicolet 公司的红外光谱仪进行工作的操作软件，它能控制仪器完成数据采集与变换，同时，也能进行图谱数据的分析处理与检索，结合相应的图谱库和智能解谱软件，还能在一定情况下完成多组分体系的红外图谱指认。另外，专用于核磁谱图处理的 MestRe-C 软件也是在有机图谱处理中比较常用的一款软件，该软件可从 http://www.mestrec.com 网站免费下载。它有很多功能，若熟悉和掌握它，可以满足化学工作者的大部分要求。除此之外，单晶结构解析是目前对固体化合物结构确证的最直接的方法，由于单晶衍射仪的普及，很多实验室都具备了进行 X 射线单晶衍射测试的条件。因此，对单晶衍射数据的处理和结构显示软件的应用也日趋广泛。比如，用于处理单晶衍射数据的 SHELXTL 程序和 WinGX，用于显示单晶衍射结果的 Diamond 和 Mercury 等。需要特别指出的是，只要数据格式合适，包括红外、紫外、核磁和质谱数据，都能导入 Origin 中进行处理并以图形化的形式显示出来。

3. 计算机辅助药物分子设计

计算机辅助药物设计（Computer Aided Drug Design，CADD）是以计算机化学为基础，通过计算机的模拟、计算和预算药物与受体生物大分子之间的关系，设计和优化先导化合物的方法。受体是指生物体的细胞膜上或细胞内的一种具有特异性功能的生物大分子，与内源性激素、递质或外源性药物结合后，发生一定的特定功能，如开启细胞膜上的离子通道，或激活特殊的酶，从而导致特定的生理变化。能与受体产生特异性结合的生物活性物质称为配体（ligand）。配体与受体结合能产生与激素或神经递质等相似的生理活性作用的，称为激动剂；若与受体结合后阻碍了内源性物质与受体结合，从而阻断了其产生生理作用的，则称为拮抗剂。计算机辅助药物设计实际上就是通过模拟和计算受体与配体的这种相互作用，进行先导化合物的优化与设计。从 20 世纪 90 年代以后，随着计算机技术的发展以及药物化学、分子生物学和计算化学的发展，CADD 已经发展成为一门日趋完善的新兴学科。同时，CADD 的发展和应用，也大大促进了药物设计和新药开发的效率。CADD 已经成为合理药物设计中不可或缺的一环，在药物设计中起着越来越重要的作用。

4. 计算机文献检索与管理

随着化学化工信息的日益增加，相关的文献也呈海量增长，特别是与有机物有关的文献量增长迅速。因此，传统的手工检索和保存文献的方式显然不能满足要求，计算机文献检索与管理的应用大大减轻了这种工作的烦琐性，增加了文献定位的准确度。与有机物有关的文献检索软件主要有 ChemBioFinder，它和 ChemBioDraw 一样，也是 ChemBioOffice 的功能组件之一。在数据联网且被授权的情况下，ChemBioFinder 允许用户用多种形式搜索与目标化合物相关的文献，比如结构式搜索和化合物名称搜索等。

针对海量文献的管理，Thomson Reuters 公司开发的 EndNote 是一款非常方便的文献管理、分析和使用的计算机软件。利用 EndNote 可以将不同来源的文献信息资料下载到个人计算机，建立本地数据库，从而实现对文献信息的规范管理，在撰写论文、报告和书籍时，EndNote 可以方便地输出符合要求的参考文献编排格式。

七、实验预习与实验报告

（一）实验预习

有机化学实验课是一门综合性的、理论联系实际的课程，同时，也是培养学生独立工作的重要环节，因此，要达到实验的预期效果，必须在实验前认真地预习好有关实验内容，做好实验前的准备工作。

实验前的预习，归结起来就是看、查、写。

看：仔细地阅读与本次实验有关的全部内容，不能有丝毫的粗心和遗漏。

查：通过查阅手册和有关资料来了解实验中要用到的或可能会出现的化合物的性能和物理常数。

写：在看和查的基础上认真写好预习笔记。每个学生都应准备一本实验预习的笔记本。

预习内容包括：

① 实验目的和要求，实验原理和反应式，需用的仪器和装置的名称及性能，溶液的浓度和配置方法，主要试剂和产物的物理常数，主要试剂的用量及规格（g、mL、mol）等。

② 阅读实验内容后，根据实验内容，用自己的语言正确写出简明的实验步骤（不能照抄！），关键之处应注明。步骤中的文字可用符号简化。例如，化合物只写分子式；克用"g"，毫升用"mL"，加热用"△"，沉淀用"↓"；仪器用示意图代之。这样，在实验前已形成了一个工作提纲，实验时按此提纲进行即可。

③ 合成实验还应列出粗产物的纯化过程及原理。

④ 对于将要做的实验中可能会出现的问题（包括安全和实验结果），要写出防范措施和解决方法。

（二）实验记录

实验时应认真操作，仔细观察，积极思考，并且应及时地将观察到的实验现象及测得的各种数据如实地记录在笔记本上。记录必须做到简明、扼要、字迹整洁。实验完毕后，将实验记录交教师审阅。

（三）实验报告

实验报告是总结实验进行的情况、分析实验中出现的问题、整理归纳实验结果必不可少的基本环节，是把直接的感性认识提高到理性思维阶段的必要一步，因此，必须认真写好实验报告。实验报告的格式如下。

1．性质实验报告

报告内容包括实验名称、实验目的、实验原理、药品和仪器、实验记录、讨论等。

2．合成实验报告

报告内容包括实验名称、实验原理、药品和仪器、仪器装置、实验记录、问题讨论等。

最后注意，实验报告只能是在实验完毕后报告自己的实验情况，不能在实验前写好。实验后必须交实验报告。报告中的问题讨论，一定是自己在实验中的心得体会和对实验的意见、建议。通过讨论来总结和巩固在实验中所学的理论和技术，进一步培养分析问题和解决问题的能力。

第二部分 有机化学实验的基本操作

从事有机化学实验初期，需要了解实验仪器的功能与用途，熟悉有机化合物的常规分离提纯方法与技术。本部分主要介绍蒸馏、分馏、水蒸气蒸馏、减压蒸馏、重结晶等实验基本操作及其涉及的搭建装置、过滤、萃取、洗涤、干燥等基本技术。后面的复杂操作都是由前期的简单基本操作构成的，在进行复杂的有机化学实验之前，只有打好基础才能为实验的成功创造条件。另外，养成规范的操作是实验中自我安全保护的重要措施之一。

一、蒸馏

蒸馏是将液体加热至沸腾，使其变为蒸气，然后将蒸气再冷凝为液体进行收集的操作过程。利用蒸馏操作，不仅可以把挥发性物质与不挥发新物质分离，还可以将沸点不同的混合物质进行分离，这是分离和提纯有机化合物最常用的一种方法。实际操作时，常根据分离对象的成分和沸点差异等不同情况，分别采取普通蒸馏、分馏、水蒸气蒸馏及减压蒸馏等操作将其分离纯化。

（一）普通蒸馏

1. 原理

物质的蒸气压随温度的升高而增大，当液体的蒸气压与外界大气压相等时，液体就开始沸腾，此时的温度即为该液体的沸点。每种纯液态有机化合物在一定压力下均具有固定的沸点，且沸点距很小（0.5～1.0 ℃），所以，蒸馏可用以测定纯液体化合物的沸点。如果蒸馏对象为液体混合物，且它们的沸点相差较大（一般为 30 ℃以上），则可以通过蒸馏将混合物分离开来。蒸馏时，易被冷凝的高沸点物质的蒸气遇冷就凝结成液体流回蒸馏瓶中，低沸点液体的蒸气遇冷较难冷凝而被大量蒸出，再由气体冷凝成液体，此时温度在一定时间内变化不大（因为热量用于低沸点液体的汽化），直到蒸馏瓶中低沸点成分很少时，温度才开始迅速上升，高沸点液体才被大量蒸出，不挥发性杂质始终留在瓶内。因此，收集某一稳定范围的蒸馏液，就可初步将混合物分开，达到纯化或分离的目的。

2. 仪器装置

普通蒸馏的仪器由蒸馏烧瓶、温度计、冷凝管（有蛇形冷凝管、直形冷凝管、空气冷凝管、球形冷凝管之分）和接收器等部分组成。装置如图 2-1 所示。

（1）蒸馏器（由圆底烧瓶和蒸馏头组成）：待蒸馏液体在瓶内受热汽化，蒸气从支管进入冷凝管。选用蒸馏瓶时，应根据蒸馏液体的体积而定。通常使待蒸馏液体的体积占蒸馏瓶容量的 1/3～2/3 为宜。

（2）冷凝管：蒸气在此处冷凝为液体，液体的沸点较低时（通常室温下就汽化的），应选用冷却面积较大的蛇形冷凝管；液体的沸点低于 140 ℃时，应选用直形冷凝管；高于 140 ℃时，应选用空气冷凝管。

（3）接收器：收集冷凝后的液体。一般由接液管和接液瓶两部分组成。

由于仪器部件较多，所占的空间位置较大，为保护仪器安全，在安装仪器时，应按照

"由下而上，由近及远"的原则进行，拆卸仪器时则与安装顺序相反进行即可。操作如下：

① 将圆底烧瓶置于垫有石棉网（或铁丝网）的铁圈上，用铁夹夹住（切勿夹得过紧），然后安上蒸馏头。注意垂直放正，烧瓶的高度取决于热源及蒸馏头支管的角度，以加热时酒精灯火焰外焰能燃及石棉网为安全。

② 温度计的安装要使其水银球的上沿与蒸馏头支管口的下沿相齐（图2-1）。

③ 在第二个铁架台上，用铁夹夹住冷凝管的中部，比好与蒸馏头支管的高度和倾斜度，使冷凝管和蒸馏头支管尽可能在同一直线上，然后松开冷凝管夹，使冷凝管和蒸馏头相连接。

④ 装好接液管及接收器。接收器可用木块等支垫，整个装置要成一直线，各部分连接处要严密不漏气。

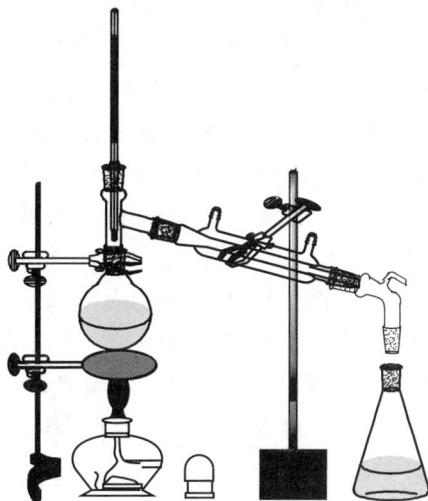

图2-1 普通蒸馏装置

⑤ 仪器全部安装好后，向冷凝管下口通冷却水，然后加热。

⑥ 蒸馏完毕后，应去热源，然后依次移去接液瓶、接液管及冷凝管，最后撤去蒸馏瓶。

（二）分馏

利用普通蒸馏分离提纯液体有机化合物时，要求其组分的沸点必须相差30 ℃以上。对于沸点相差较小的液体混合物，不能利用普通蒸馏进行分离，这时就必须采用分馏来进行分离，才能取得较好的分离效果。分馏是利用分馏柱，将多次汽化—冷凝过程在一次操作中完成的蒸馏方法。

1. 原理

用分馏柱进行分馏，被分馏的溶剂在蒸馏瓶中沸腾后，蒸气从圆底烧瓶蒸发进入分馏柱，在分馏柱中部分冷凝成液体。此液体中由于低沸点成分的含量较多，因此其沸点也就比蒸馏瓶中的液体温度低。当蒸馏瓶中的另一部分蒸气上升至分馏柱中时，便和这些已经冷凝的液体进行热交换，使它重新沸腾，而上升的蒸气本身则部分地被冷凝，因此，又产生了一次新的液体-蒸气平衡（图2-2），结果是蒸气中的低沸点成分又有所增加。这一新的蒸气在分馏柱内上升时，又被冷凝成液体，然后与另一部分上升的蒸气进行热交换而沸腾。由于上升的蒸气不断地在分馏柱内冷凝和蒸发，而每一次的冷凝和蒸发都使蒸气中低沸点的成分不断增加。因此，蒸气在分馏柱内的上升过程中，类似于经过反复多次的简单蒸馏，使蒸气中低沸点的成分逐步提高。如果选择适当的分馏柱，从分馏柱的顶部出来的蒸气，经

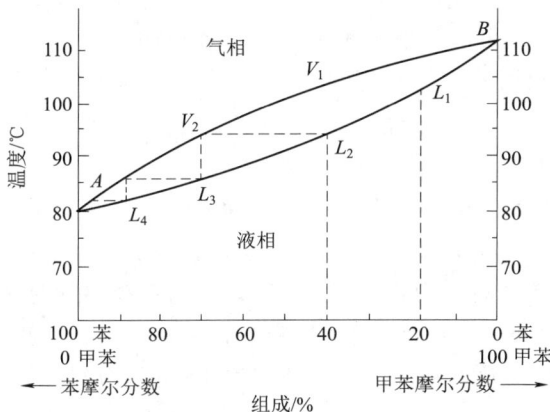

图2-2 甲苯与苯混合液的沸点-组成曲线图

冷凝后得到的液体，可能是纯的低沸点成分或者是低沸点占主要成分的流出物。

为了解分馏原理，最好应用恒压下的沸点-组成曲线图（称为相图，表示这两组分体系中相的变化情况）。通常它是用实验测定在各温度时气液平衡状况下的气相和液相的组成，然后以横坐标表示组成、纵坐标表示温度而作出的（如果是理想溶液，则可直接由计算作出）。图 2-2 所示即为大气压下的苯-甲苯溶液的沸点-组成图。

从图中可以看出，由苯 20％和甲苯 80％组成的液体（L_1）在 102 ℃时沸腾，和此液相平衡的蒸气（V_1）组成约为苯 40％和甲苯 60％。若将此组成的蒸气冷凝成同组成的液体（L_2），则与此溶液成平衡的蒸气（V_2）组成约为苯 68％和甲苯 32％。显然，如此继续重复，即可获得接近纯苯的气相。在分馏过程中，有时可能得到与单纯化合物相似的混合物，它也具有固定的沸点和固定的组成，气相和液相的组成也完全相同，因此不能用分馏法进一步分离。这种混合物称为共沸混合物（或恒沸混合物）。共沸混合物虽然不能用分馏来进行分离，但它不是化合物，它的组成和沸点随压力而改变，用其他方法破坏共沸组分后再蒸馏可以得到纯粹的组分。

分馏效果的好坏，取决于分馏柱的分馏效率，分馏柱效率与柱的高度、绝热性能、填料类型等因素有关。分馏柱是一根长而直的柱状玻璃管，柱子中间常常填装特制的填料，填料通常是玻璃珠或玻璃环，其目的是增加气液接触面积，提高分馏效果。实验室常用的分馏柱有刺形分馏柱（维氏分馏柱，Vigreux）、赫姆帕（Hempel）分馏柱。前者柱管内由许多齿形的刺，后者管内装填许多填料（玻璃珠、玻璃管、陶瓷等）。实验室中分离提取少量的液体混合物时，常选用刺形分馏柱，它的优点是黏附在柱内的液体少，但缺点是分离效率比填料柱的低。为使分馏柱内保持一定的温度梯度，加热不能过猛，蒸馏速度不能太快；为减少热量损失，防止液体在柱内集聚，需要在柱外采取保温措施。

2. 仪器装置

由圆底蒸馏烧瓶、分馏柱、冷凝管、接收器组成。在蒸馏瓶和蒸馏头之间插进一根分馏柱，即构成分馏装置，如图 1-11 所示。

（三）水蒸气蒸馏

1. 原理

水蒸气蒸馏方法，是将水蒸气通入不纯的有机物中，或将要蒸馏的化合物与水一起共热至沸，使要提纯的物质在低于 100 ℃的温度下，随水蒸气一起蒸馏出来，从而达到分离提纯的目的。这种方法除了可以提取有机物外，还可以提取各种天然产物香精油、生物碱等。

根据道尔顿分压定律：水和另一物质共热时，整个体系的蒸气压等于各组分蒸气压之和，即

$$p_总 = p(H_2O) + p_B$$

当混合物中各组分的蒸气压总和等于外界大气压时，混合物就开始沸腾，这时的温度即为它们的沸点。因此，混合物的沸点低于任一组分的沸点。例如，水的沸点是 100 ℃，甲苯的沸点是 110.8 ℃，当混合物在一起进行蒸馏时，沸点为 84.1 ℃，因为在此温度时水的蒸气压为 421.6 mmHg，甲苯为 338.4 mmHg，二者蒸气压之和等于 760 mmHg，故沸腾。因此可以看出，利用本法可以在低温下蒸出一个沸点较高的化合物。馏出液中有机物的质量 m_B 与水的质量 $m(H_2O)$ 之比，理论上等于两者的分压 p_B 和 $p(H_2O)$ 与各自的摩尔质量 M_B 和 $M(H_2O)$ 乘积之比。

$$\frac{m_B}{m(H_2O)} = \frac{M_B p_B}{M(H_2O) p(H_2O)}$$

根据此关系式可以计算出某有机物用水蒸气蒸馏法蒸馏的效率。如蒸馏甲苯的水溶液时，馏分中：

$$\frac{m(甲苯)}{m(水)} = \frac{338.4 \ mmHg \times 92 \ g/mol}{421.6 \ mmHg \times 18 \ g/mol} = \frac{100}{24.4}$$

即每蒸出 24.4 g 水能带出 100 g 甲苯，甲苯占馏出液的 80.4%。

由上述原理可见，使用水蒸气蒸馏提纯分离的有机物应具备以下条件：

① 不溶或微溶于水；

② 与水长时间煮沸不发生化学反应；

③ 在 100 ℃左右时，必须具有一定的蒸气压（至少 5~10 mmHg）。

2. 仪器装置

水蒸气蒸馏装置主要由水蒸气发生器、蒸馏部分、冷凝部分和接收部分组成。整套装置如图 2-3 所示。

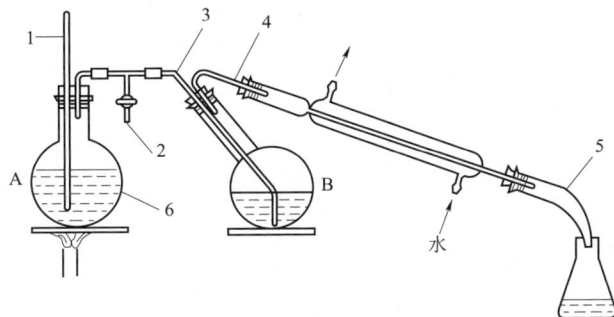

1—安全管；2—螺旋夹；3—水蒸气导入管；4—馏出液导出管；5—接液管；6—水蒸气发生器。

图 2-3 水蒸气蒸馏装置图

（1）水蒸气发生器：一般由金属制成，用 100 mL 的锥形瓶或烧瓶代替。用时其内盛水不可超过容积的 2/3，瓶口配一个双孔软木塞，一孔插入长约 50 cm，内径约为 5 mm 的玻璃管作为安全管，以调节发生器内部的压力；另一孔插入内径约为 8 mm 的水蒸气导出管。

（2）蒸馏部分：由圆底烧瓶、二口连接管和蒸馏头组成。待蒸馏物质在圆底烧瓶内被水蒸气加热至沸而汽化，圆底烧瓶中液体量不宜超过容积的 1/3。二口连接管主要是用来增长圆底烧瓶口与蒸馏头支管间的距离，以免待蒸馏液溅出混于馏出液中。

（3）冷凝部分和接收部分：与普通蒸馏装置相同。

3. 操作步骤

依装置图安装好仪器后，先把 T 形管上的夹子打开，加热水蒸气发生器，使水迅速沸腾，当有水蒸气从 T 形管的支管冲出时，再旋紧夹子，让水蒸气通入烧瓶中，与此同时，接通冷却水，用锥形瓶收集馏出物。蒸馏完毕，应先打开 T 形管上的夹子，然后才能停止加热，把馏出液倒入分液漏斗中，静止分层，将水层弃去。

(四) 减压蒸馏

1. 原理

在低于大气压力下进行蒸馏的操作过程称为减压蒸馏，也称为真空蒸馏。由于液体的沸点随外界压力的降低而降低，因此，将容器内压力降低，就可以使液体物质在较低的温度下沸腾而被蒸馏出来。减压蒸馏是分离和提纯液体或低熔点固体有机物的一种重要方法，它特别适用于那些在常压下蒸馏时未达到沸点就已受热分解、氧化或聚合的物质。

一般高沸点有机物当压力降低到 2 666 Pa 时，沸点要比常压下低 $100 \sim 120$ ℃，也可通过图 2-4 所示的沸点-压力经验计算图近似地推算出高沸点物质在不同压力下的沸点。例如，常压下沸点为 250 ℃的某有机物，减压到 10 mmHg 时沸点应该是多少？可先从图 2-4 中 B 线（中间的直线）上找出 250 ℃的沸点，将此点与 C 线（右边直线）上的 10 mmHg 的点连成一直线，延长此直线与 A 线（左边的直线）相交，交点所示的温度就是 10 mmHg 时的该有机物的沸点，约为 110 ℃。此沸点虽然为估计值，但较为简便，有一定参考价值。

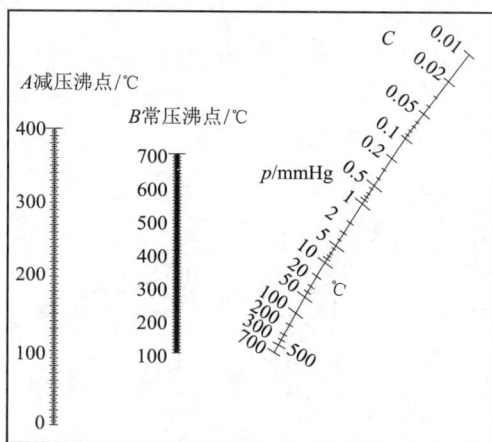

图 2-4　液体有机物的沸点-压力经验计算图

2. 仪器装置

减压蒸馏装置由蒸馏、抽气及在它们之间的测压和保护系统三部分组成，如图 2-5 所示。

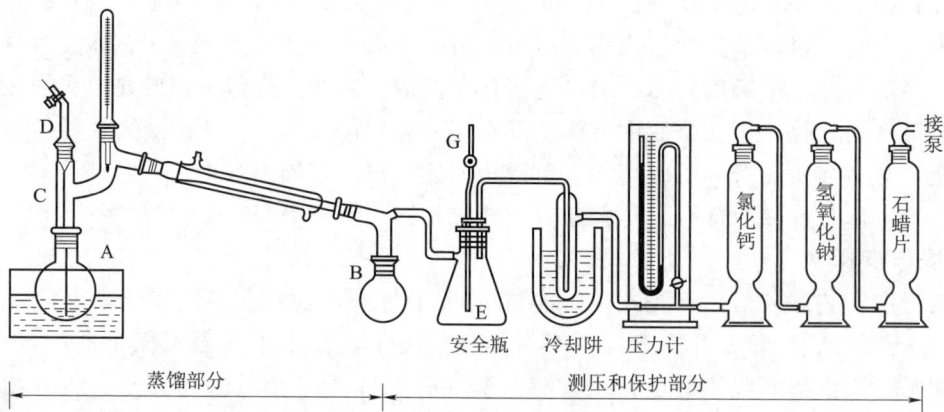

图 2-5　减压蒸馏装置图

（1）蒸馏部分。如图 2-5 所示，在蒸馏头上插入温度计，并通过 Y 形管向烧瓶中插入一根末端拉成细孔毛细管的厚壁玻璃管，毛细管口距瓶底 $1 \sim 2$ mm，在管的另一端套上一段带螺旋夹的橡皮管。螺旋夹是用来调节进入真空系统的空气流量及气泡产生速度的，以便有极少量空气进入烧瓶，呈小气泡冒出，成为液体的汽化中心，以防止暴沸。除使用毛细管外，还可以使用磁力搅拌器防止暴沸。

减压蒸馏的接收器部分，通常使用蒸馏烧瓶或吸滤瓶，若要收集不同馏分而不中断蒸馏，可采取多头接液管进行收集。

（2）抽气部分。实验室常用水泵进行减压。在水压很大时，水泵可以把压力降低到 2.0～2.7 kPa。这对一般减压蒸馏已经足够了。如需更低的压力，则使用油泵减压，油泵一般可以把压力降低到 267～533 Pa，有的甚至能降到 13.3 Pa。

（3）保护及测压部分。一般由安全瓶、冷却阱、吸收塔和水银压力计等组成。

安全瓶常用较大的吸滤瓶充当，它的作用是使仪器装置内的压力不发生突然变化。

冷却阱的作用是将水蒸气和一些挥发性物质冷凝。

吸收塔是用来除去水蒸气或其他对油泵有害的气体，通常设两个，氯化钙用来除净残余水蒸气，氢氧化钠用来吸收酸性气体。有时为了除去烃类气体，也可再加装一个石蜡片的吸收塔。

3. 操作步骤

（1）准备操作。

① 将需要蒸馏的物质转入蒸馏瓶中，其体积不宜超过烧瓶容积的 1/2，按图装好仪器[1]，确保所有接头[2]连接紧密。

② 打开安全瓶玻璃磨口活塞后启动抽气泵[3]。

③ 逐步拧紧毛细管上端橡皮管夹 D，使橡皮管近乎关闭。

④ 慢慢关闭安全瓶玻璃活塞 G，注意通过毛细管产生的气泡不可太剧烈或太慢。调节螺丝夹 D，直至关闭玻璃活塞后能形成细小而稳定的气泡流。

⑤ 观察所获得的压力，直到达到预想的真空时才开始蒸馏。

（2）开始蒸馏。

① 开启冷却水后，给烧瓶加热。

② 记录蒸馏过程中的温度及压力范围，控制蒸馏速度大约为每秒钟 1 滴。

（3）更换接收瓶。

① 蒸馏过程中，当一种新的组分（相同压力下的高沸点部分）开始蒸馏出来时，需要及时更换，为此，必须慢慢打开玻璃活塞，并立即降低热源。为了防止毛细管中的液体过度回缩，可将螺丝夹 D 打开，然后换上另一个接收瓶。

② 关闭玻璃活塞，让系统有数分钟时间重新恢复减压状态。将螺丝夹适当夹紧，此时毛细管中的液体被驱出，气泡便连续出现。

③ 升高热源，继续蒸馏。当温度下降时，通常表示蒸馏过程完成。此时，慢慢打开螺丝夹及玻璃活塞，关掉真空泵，移去接收瓶，拆卸仪器并进行清洗。

4. 附注

[1] 真空系统中不能使用薄壁玻璃仪器。

[2] 仪器连接处的磨口表面均应全部涂上润滑脂，以免黏结，难以拆开。

[3] 若用水泵减压，则不需各种吸收塔，只接安全瓶。

二、萃取

（一）原理

除蒸馏方法外，有时为了从水溶液中取得某种有机物质，就将此种水溶液与其不混溶的溶剂一起振荡来实现。如果溶剂选择适当，那么有机溶质的大部分就从水层转入与水不混溶的溶剂中，溶质就被溶剂提取出来了，这种将溶质从一种溶剂转移到另一种溶剂中的过程称为液-液萃取。

1. 液-液萃取

从溶液中萃取某一成分，是利用该成分在两种互不相溶的溶剂中溶解度的不同，使其从一种溶剂中转移到另一种溶剂中而与杂质分离。

萃取效率的高低取决于分配定律。即在一定温度和压力下，一种物质在两种互不相溶的溶剂 A、B 中的分配浓度之比是一常数，其关系式如下：

$$K = \frac{C_A}{C_B}$$

式中，K 是一常数，称为分配系数。利用上式可以算出每次萃取后物质的剩余量。

假设：m_0 为被萃取物质的总质量，V 为原溶液的体积，V_s 为每一次萃取所用萃取溶剂的体积，m_1 为第一次萃取后原溶液中剩余量。则

$$K = \frac{m_1/V}{(m_0 - m_1)/V_s}$$

即

$$m_1 = m_0 \frac{KV}{KV + V_s} \tag{1}$$

同理，经第二次萃取后，则有

$$K = \frac{m_2/V}{(m_1 - m_2)/V_s}$$

即

$$m_2 = m_1 \frac{KV}{KV + V_s} = m_0 \left(\frac{KV}{KV + V_s} \right)^2$$

因此，经 n 次萃取后

$$m_n = m_0 \left(\frac{KV}{KV + V_s} \right)^n \tag{2}$$

由式（2）可知，用一定量的溶剂进行萃取时，分多次萃取比一次萃取效率高。

例如：15 ℃时，辛二酸在水和乙醚中的分配系数 K 为 1/4。若 4 g 辛二酸溶于 50 mL 水中，用 50 mL 乙醚一次萃取，则萃取后辛二酸在水溶液中的剩余量为：

$$m_1 = 4 \times \frac{1/4 \times 50}{1/4 \times 50 + 50} = 0.8 \, (g)$$

$$萃取效率 = \frac{4 - 0.8}{4} \times 100\% = 80\%$$

若 50 mL 乙醚分两次萃取，则经过第二次萃取后，辛二酸在水溶液中的剩余量为：

$$m_2 = 4 \times \left(\frac{1/4 \times 50}{1/4 \times 50 + 25} \right)^2 \approx 0.44 \, (g)$$

$$萃取效率 = \frac{4 - 0.44}{4} \times 100\% = 89\%$$

2. 液-固萃取

从固体中提取物质是利用溶剂对样品中被提取成分和杂质之间溶解度的不同，来达到分离提纯目的（装置如图 2-6 所示）。在实验室中常用索氏（Soxhlet）提取器从固体中提取某些成分。

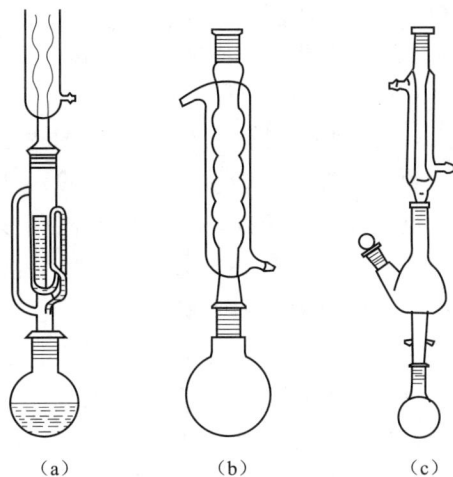

图 2-6　液-固萃取装置图

（a）索氏提取器；（b）普通回流装置；（c）用微型蒸馏头进行固-液萃取

（二）实验步骤——分液漏斗的使用

溶液中物质的萃取通常用分液漏斗来进行。操作时，应选择容积较溶液体积大 1～2 倍的分液漏斗，大活塞上涂少许凡士林，转动活塞使其均匀透明。将分液漏斗的玻璃塞与活塞用细绳套扎大漏斗上，并检查玻璃塞与活塞是否严密。然后将分液漏斗放在固定的铁环中，关好活塞，装入待萃取物和溶剂，盖好玻璃塞，振荡漏斗，使液层充分接触。振荡方法是先把分液漏斗倾斜，使上口略朝下，如图 2-7 所示。活塞部分向上并朝向无人处，右手捏住上口颈部，并用食指压紧玻璃塞；左手握住活塞，握持方式既要防止振荡时活塞转动或脱落，又要便于灵活地旋动活塞。振荡后，令漏斗仍保持倾斜状态，旋开活塞，放出因溶剂挥发或反应产生的气体，使内外压力平衡。如此重复数次，将分液漏斗静置于铁圈上，使乳浊液分层。

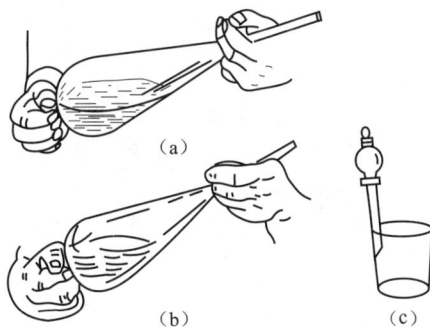

图 2-7　分液漏斗的振摇

待分液漏斗中的液体分层后，即可进行分离。先打开顶上的玻璃塞（或旋转盖子对准气孔），再旋开活塞，将下层液体自活塞放出，当液面的界线接近活塞时，关闭活塞，静置片刻或轻轻振摇，这时下层液体往往增多，再把下层液体仔细地放出，然后将上层液体从漏斗上口倒出。切不可经活塞放出，以免被漏斗颈部所附着的残液污染。

在萃取时，上、下两层液体都应该保留到实验完毕，以防止中间操作发生错误，无法补救。

分液漏斗若与氢氧化钠或碳酸钠等碱性溶液接触，必须冲洗干净。若较长时间不用，玻璃塞与活塞需用薄纸包好后再塞入，否则易粘在漏斗上而打不开。

三、升华

（一）原理

某些在熔点下具有相当蒸气压的固体物质，在加热时，不经过液相就直接变为蒸气，蒸气冷凝又直接凝结成固体，这个过程叫升华。固体物质的蒸气压和所受外压相等时的温度就是该物质的升华点。

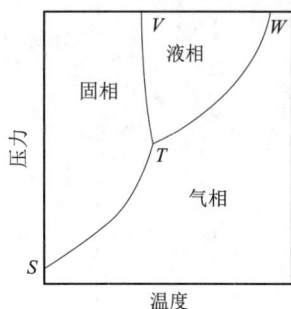

升华是纯化固体有机物的重要方法之一，利用升华可以除去不挥发的杂质或分离挥发度不同的固体物质，其突出优点是无须用溶剂，可以得到高纯度的产物。但它的局限性也较大，主要是缺乏选择性，适应范围小。

由物质三相平衡可深入了解升华的原理。如图 2-8 所示，在三相点温度以下，物质只有固、气两相。升高温度，固态直接转变成蒸气；降低温度，气态直接转变成固态，这就是升华。因此，凡是在三相点温度以下具有较高蒸气压的物质都可以利用升华来分离纯化。

图 2-8　物质三相平衡曲线图

由于升华的操作时间较长，损失也较大。因此，实验室常用于少量物质的纯化（1～2 g）。

（二）仪器装置

升华仪器装置如图 2-9 所示，其原理可概括为：加热固体直至产生足够的蒸气压以便蒸发，然后让其在足够接近的冷却表面冷凝成固体。

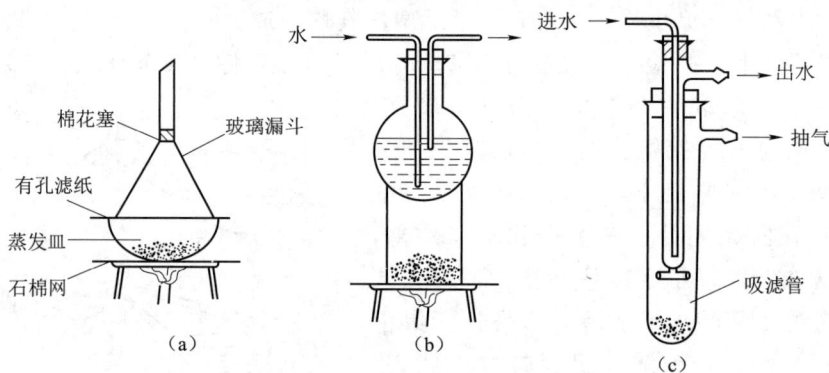

图 2-9　常压和减压升华装置图
（a）（b）常压升华；（c）减压升华

升华作用完毕后，为避免结晶散落，在撤除冷却表面装置时要特别小心，沉积在冷却表面外部的晶体可用刮勺收集。如果升华过程是在减压条件下进行的，那么释放压力时需要非常仔细，以防空气吹落晶体。

四、重结晶

（一）原理

重结晶是纯化固态有机化合物的重要方法之一。它的原理主要是利用被提纯物质与杂质在溶剂中的溶解度不同，加以分离提纯。固体有机物在溶剂中的溶解度，通常随温度升高而增大，随温度降低而减小。故加热时，使溶剂溶解欲提纯的物质，趁热滤去不溶性杂质，在冷却滤液时，则使物质在溶液中成饱和溶液，重新结晶析出。少量可溶性杂质，则留在溶液中，可过滤除去。因此，在进行重结晶时，选择适宜的溶剂，是能否达到纯化的关键。一种适合的溶剂，应具备下列条件：

① 溶剂不与被提纯物起化学反应。

② 溶剂对被提纯物质在高温时溶解度大，温度降低时溶解度小。

③ 溶剂对杂质不溶，使杂质在过滤时除去，或者对杂质的溶解度很大，能把杂质留在母液中，不随欲精制物的晶体一同析同。

④ 溶剂易挥发，易与晶体分离。

常用的溶剂有水、乙醇、丙酮、乙酸乙酯、乙醚、苯等。

若不能找到一种合适的溶剂，可使用混合溶剂。混合溶剂由两种能混溶的溶剂组成，其中一种对被提纯物质的溶解度较大，另一种则较小。常见的混合溶剂有以下几种：

乙醇-水	乙酸-水	乙醚-甲醇	丙酮-水
吡啶-水	乙醚-丙酮	苯-石油醚	乙醚-石油醚

（二）实验步骤

1. 样品的溶解

在重结晶过程中，为了减少母液中溶质损失，得到良好的回收率，应尽量避免使用过量的溶剂，只有让溶质溶解在最少量的热溶剂中，才能使溶质在母液中的损失量减至最小。因此，将待结晶物质置于锥形瓶中，加入比需要量少的溶剂，加热至微沸，若未溶解，可再分次添加溶剂，每次加热均需微热至沸腾，直至溶质刚好完全溶解为止。为了避免趁热过滤时晶体析出堵塞滤纸，在实际操作中，常加入比需要量多 2%～5% 的溶剂，使热溶液不致完全达到饱和，便于趁热过滤。溶液中存在的有色杂质，可待热溶液稍冷后，加入为精制品量 1%～5% 的活性炭，煮沸 5～10 min，并不断搅拌，以免暴沸。然后用保温漏斗或布氏漏斗趁热过滤。

2. 过滤

如果有不溶性杂质或活性炭存在，就要趁热过滤溶液。为防止过滤过程中由于冷却而析出晶体，可采用热水漏斗保温，如图 2-10 所示。热水漏斗是把普通玻璃漏斗装在一个由金属制成的带有侧管的夹层漏斗中，夹层内装入约 2/3 的热水，必要时可加热侧管保温，为加速过滤。可在玻璃漏斗中放入过滤面积较大的菊花形折叠滤纸，这种保温措施可防止在滤纸上形成结晶，造成堵塞，菊花形滤纸折叠方法如图 2-11 所示。

① 将圆形滤纸对折成半圆形。

② 将对折后的双层半圆形滤纸向同一方向等分成 8 份。

③ 再将所分 8 等份按与上述折痕相反的方向对折成 16 等份，即得一扇形。

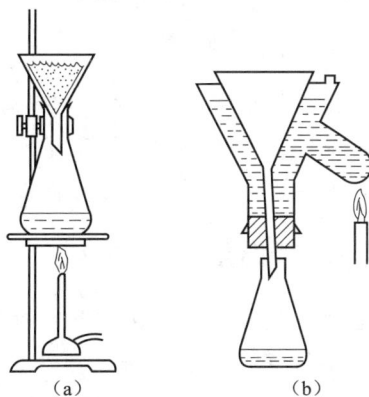

(a)　　　　　(b)

图 2-10　热过滤装置图

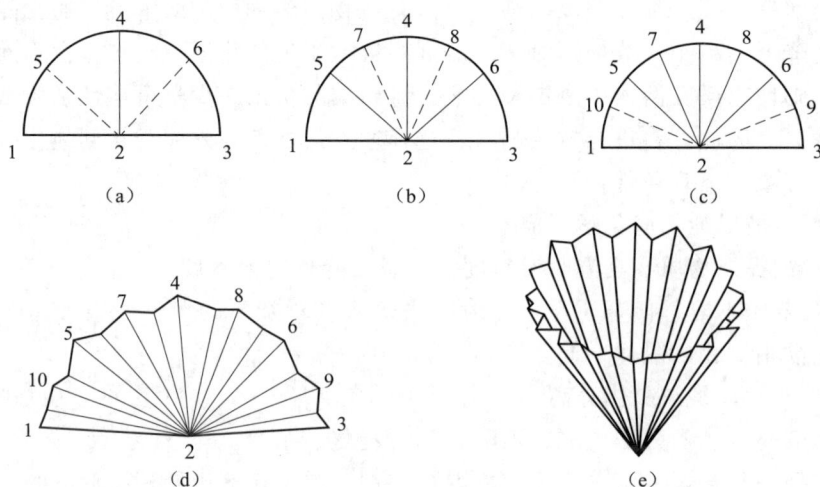

图 2-11　菊花形折叠滤纸的折叠方法

④ 展开后，在原扇形两端各有一个折痕同向的折面，将此两折面向内方向对折，即得菊花形折叠滤纸。使用时，要将折好的滤纸翻转，整理后放入漏斗中待用。

3. 结晶

将趁热过滤的滤液静置，缓缓冷却以得到大而纯的晶体。如果溶液冷却后还不结晶，可用玻璃棒摩擦器壁以形成粗糙面，或用冰水浴冷却溶液，或将一粒晶种投入母液，均可诱导溶液的结晶过程。

4. 结晶的分离

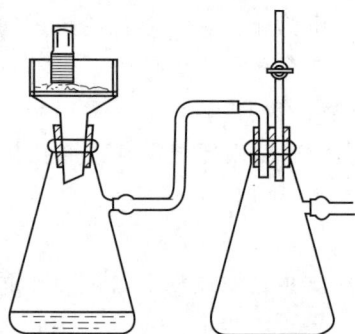

图 2-12　抽滤装置图

为使晶体与母液分离，一般采取布氏漏斗进行减压过滤。装置如图 2-12 所示。布氏漏斗配以橡皮塞装在吸滤瓶上，使漏斗管下端斜口正对吸滤瓶侧管，吸滤瓶侧管通过厚橡皮管与抽气装置连接。漏斗内放置比漏斗内径略小的圆形滤纸，滤纸要平贴在漏斗底边。为了防止固体颗粒从滤纸边缝逸出，在过滤之前，先要用少量溶剂适当润湿滤纸，然后减压过滤。收集漏斗中的晶体时，应用少量溶剂洗涤去掉黏附在晶体表面上的母液。在此期间暂停抽气，在晶体上加少量溶剂，用玻璃棒小心搅动（勿使滤纸松动），待晶体均匀湿润后，继续减压过滤。抽干溶剂后，不要停泵，可让空气通过晶体一个短时间，使其进一步干燥。关泵之前应先将安全瓶上的活塞慢慢打开，接通大气，然后停泵，拆开连接吸滤瓶的橡皮管。

五、色谱法

色谱法是分离、纯化和鉴定有机化合物的重要方法之一，也称为色层法、层析法等。色谱是茨维特（Tswett）研究植物色素分离时提出的概念，但没有引起重视，色谱法一直被束之高阁。直到 1931 年库恩（Kuhn）将茨维特的方法应用于叶红素和叶黄素的研究，才让科学界接受了色谱法。随着科学技术的不断发展，色谱方法得到了不断改进和创新。色谱法的基本原理是利用混合物通过某一物质时，混合物中各组分在某一物质中的吸附或溶解性能（即分配）的不同，或其他亲和作用性能的差异，进行反复的吸附和分配等作用，从而将各组分分开，达到分离和分析鉴定的目的。在这个过程中，流动的、被分离的混合物称为流动相，位置固定的物质（可以是固体或液体）称为固定相。

根据组分在固定相中的作用原理不同，色谱法大体上可以分为吸附色谱、分配色谱、离子交换色谱（利用离子交换能力的不同进行分离）、电泳色谱（利用离子在电场作用下迁移速度的不同进行分离）、凝胶色谱（利用被分离物质相对分子质量大小的不同和在填料上渗透程度的不同进行分离）等。其中，吸附色谱主要以氧化铝、硅胶等为吸附剂，吸附剂将一些物质自溶液中吸附到它的表面。当用溶剂洗脱或展开时，由于吸附剂表面对不同化合物的吸附能力不同，不同化合物在同一种溶剂中的溶解度也不同，因此吸附能力强、溶解度小的化合物，移动的速率就慢一些；而吸附能力弱、溶解度大的化合物，移动的速率就快一些。分配色谱正是利用不同化合物在吸附剂和溶剂之间的分布情况不同而达到分离的目的。可以采用柱色谱和薄层色谱两种方式。

分配色谱主要是利用不同化合物在两种不相混溶的液体中的分布情况不同而得到分离，相当于一种溶剂连续萃取的方法。这两种液体分为固定相和流动相。固定相需要一种本身不起分离作用的固体吸住它，如纤维素、硅藻土等，称为载体；用作洗脱或展开的液体称为流动相。易溶于流动相的化合物，移动速率快一些；而在固定相中溶解度大的化合物，移动速率就慢一些。分配色谱的分离原理可在柱色谱、纸色谱、薄层色谱及纸色谱的操作中体现。

根据操作条件的不同，色谱法可分为纸色谱、柱色谱、薄层色谱、气相色谱及高效液相色谱等类型。每种色谱法各有其使用特点，一般来说，分离大量物质时，宜选用柱色谱法或高效液相色谱法；少量混合物的分离和分析鉴定，可选用薄层色谱法；液体混合物及有些遇热不分解的固体化合物的分离鉴定，可选用气相色谱法，气相色谱在仪器分析等课程中有相关介绍。

色谱法在有机化学中的应用主要包括以下几个方面：

1. 分离混合物

色谱法的分离效果远比分馏、重结晶等一般方法好。一些结构类似、理化性质相似的化合物混在一起，采用一般方法难以分离时，应用色谱法往往会取得理想的分离效果。

2. 精制提纯化合物

当有机化合物中含有少量结构类似的杂质不易除去时，可利用色谱法将杂质分开，得到纯净的化合物。

3. 利用比移值（R_f）鉴定化合物

在一定条件下，纯粹的化合物在薄层色谱法或纸色谱法中都有一定的移动距离，即比移值（R_f）。不同的化合物，其比移值（R_f）一般不同。因而，可根据比移值（R_f）的大小鉴别化合物的纯度或确定两种性质相似的化合物是否为同一种物质。为了确保结果的可靠性，应至少选用两种不同的溶剂体系进行比移值（R_f）的测定。

4. 跟踪反应进程

在化学反应过程中，可用薄层色谱法或纸色谱法观察原料色点的逐渐消失，跟踪化学反应的进程，以寻找出该反应的最佳反应时间和达到的最高反应产率。

实验一　普通蒸馏和分馏

视频 02：
普通蒸馏

一、实验目的

1. 了解蒸馏及分馏的基本原理，掌握普通蒸馏及分馏装置的结构及操作技术。
2. 学会鉴定液态有机化合物纯度的一般方法——沸点的测定。

二、实验原理

见本部分普通蒸馏和分馏介绍。

三、仪器与试剂

仪器：量筒（50 mL），圆底烧瓶（100 mL），温度计（150 ℃），普通蒸馏头，韦氏分馏柱，直形冷凝管，尾接管，锥形瓶（100 mL），比轻计，移液管，沸石若干。

试剂：约 60% 乙醇溶液，甲醇。

四、实验步骤

1. 乙醇水溶液的蒸馏实验

① 用比轻计测量待蒸馏的酒精水溶液的密度，通过查表（见附录三）记下样品中乙醇的百分含量。

② 量取 50 mL 酒精水溶液加入 100 mL 圆底烧瓶中，放入 2～3 粒沸石以防止暴沸[1]。

③ 分别按照普通蒸馏图 2-1 所示装置，遵循玻璃仪器安装规则装好仪器。

④ 仪器装好后，即接上冷却水，使冷水从冷凝管的下支管缓缓流入，上支管流出，并检查装置的正确性与气密性[2]。

⑤ 用酒精灯加热[3]，注意蒸馏烧瓶中的现象和温度计的变化。当瓶内液体开始沸腾且蒸气前沿到达温度计时，温度计读数急剧上升，可适当调节火焰，使蒸馏液以每秒钟 1～2 滴为宜[4]。待温度稳定后，更换接收瓶，并记录温度。当温度超过沸程范围时，停止加热[5]，再记下此时的温度。最后停止通水，拆卸仪器，其顺序与安装时相反。

⑥ 用移液管准确移取 10 mL 至称量瓶中进行称量（注意：称量后，残液及剩余馏出液全部回收），算出蒸馏液的密度，查出其组成及百分含量，与蒸馏前相应参数比较，评价蒸馏效果。

2. 甲醇和水的分馏

在 100 mL 圆底烧瓶中，加入 25 mL 甲醇和 25 mL 水的混合物，加入几粒沸石，按图 1-11 装好分馏装置。用水浴慢慢加热，开始沸腾后，蒸气慢慢进入分馏柱中，此时要仔细控制温度，使温度慢慢上升，以保持分馏柱中有一个均匀的温度梯度。当冷凝管中有蒸液流出时，迅速记录温度计所示的温度。控制加热速度，使馏出液慢慢、均匀地以每分钟 2 mL（约 60 滴）的速度流出。当柱顶温度维持在 65 ℃时，约收集 10 mL 馏出液（A），随着温度上升，分别收集 65～70 ℃（B）、70～80 ℃（C）、80～90 ℃（D）、90～95 ℃（E）的馏分，瓶内所剩为残留液。90～95 ℃的馏分很少，需要隔着石棉网直接进行加热。将不同馏分分别量出体积，以馏出液体积为横坐标，温度为纵坐标，绘制分馏曲线图。

五、附注

[1] 在加热或蒸馏有机液体时，往往发生暴沸现象，使液体溢出容器，酿成事故。所以，在加热前应加入沸石（无釉碎瓷片或用毛细管代替），以防止暴沸。如果蒸馏时忘记加入沸石，则应使液体冷却至其沸点以下后再行补加，绝不允许在液体加热接近沸腾时补加沸石，因为这样会引起液体剧烈暴沸。持续沸腾时，沸石可以连续有效，但沸腾或蒸馏一经停止，则原有沸石失效，若要再次加热蒸馏，必须重新加入沸石。

[2] 蒸馏不能在密闭系统中进行，但蒸馏部分和冷凝部分要密闭。

[3] 蒸馏低沸点易燃液体（如乙醚等）时，不能使用明火加热，附近也禁止有明火。可以用预先加热好的水浴加热，并适时添加热水。

[4] 蒸馏速度不宜太快，否则会使蒸气过热，破坏气-液平衡，使分离效果不好。然而，由于乙醇与水可组成"共沸混合物"，具有恒定沸点（78.2 ℃），其中含乙醇95%、水5%，因此，用蒸馏或分馏法不能完全分离二者。

[5] 蒸馏液体切不可完全蒸干，以防止烧瓶破裂发生意外。

六、思考题

1. 蒸馏操作时需要利用冷凝水，其中，直形冷凝管进出水位置按照下进上出的原则才能保证冷凝水起到良好的冷凝效果。冷凝过程是一个"气膜控制的冷凝传热过程"，冷凝的速度主要由气体这一侧决定，而非液体的流速决定，这是在大量实验结果基础上总结出来的规律。结合上述客观规律，如何通过控制冷凝水流量大小，为建立资源节约型社会贡献一份微薄的力量？

2. 有一种液体，它的密度估计超过 1.000 g/mL，使用比轻计还是用比重计测它的密度？

3. 为什么蒸馏系统不能密闭，安装和拆卸玻璃仪器的原则和注意事项是什么？

4. 在蒸馏、分馏装置中，温度计应处在什么位置？

5. 如果液体具有恒定的沸点，能说明它一定是纯净物吗？

6. 在使用圆底烧瓶时，圆底烧瓶中的液体样品应不少于圆底烧瓶容积的几分之几？不多于几分之几？

实验二　纸色谱法鉴定氨基酸

一、实验目的

了解纸色谱法分离和鉴定氨基酸的原理和意义，掌握其操作技术。

二、基本原理

纸色谱法就其分离原理而言属于分配色谱，它是用滤纸作载体，以滤纸纤维素分子上吸附的水分子为固定相，以含有一定比例水分的有机溶剂为流动相（通常称为展开剂）。当混合样品点在滤纸上，并受流动相推动而前进时，由于待分离各组分在滤纸上吸附的水与流动相之间连续发生多次分配，结果在流动相中溶解度较大的组分随流动相移动的速度较快，而在水中溶解度较大的组分移动较慢，最后在滤纸上展开，达到分离的目的。此法多用于（5～500 μg）有机物的分离鉴定。

物质移动的相对距离通常用比移值 R_f 来表示。

$$比移值\ R_f = \frac{原点至色斑中心的距离}{原点至溶剂前沿的距离}$$

当展开剂和温度、滤纸质量等条件都固定时，某一化合物的 R_f 是一特性常数，可用作定性分析的依据。但由于影响 R_f 的因素很多，实验数据很难与文献值完全相同，因而在鉴定化合物时常用标准样品在同一滤纸上点样作为对照。

本实验是以含正丁醇、乙酸、乙醇及水的混合物为展开剂，以标准样品做对照鉴别未知的氨基酸样品，显色剂为水合茚三酮。

三、仪器与试剂

仪器：培养皿（直径 11～12 cm），滤纸（直径 15 cm）。

试剂：0.1%丙氨酸水溶液，0.1%天冬氨酸水溶液，0.1%胱氨酸溶液（加 NaOH 使之溶解），未知氨基酸样品液（以上 3 种氨基酸之一），0.1%茚三酮乙醇溶液。

展开剂：正丁醇∶乙酸∶乙醇∶水＝4∶1∶1∶2（体积比），混合后的上清液。

四、实验步骤

1. 点样

取一张圆形滤纸[1]放在清洁的白纸上，用直尺（20 cm）画一条过圆心的直线，然后以直线的中点作一条垂直线，再以交点为圆心，用圆规画半径为 1 cm 的圆。在圆心处用钉子或锥子打一小孔（直径约 2 mm）。在滤纸的四个扇形区域边缘处分别用铅笔标上"丙""天冬""胱""未知"的字样。按所标字样，在 1 cm 圆周上每一等份的中点，用干净的毛细管小心地点上相应的已知氨基酸溶液及未知氨基酸样品，注意，若两个相邻样扩散后有重叠，则应重新点样。

2. 展开

取同类滤纸条（约 4 cm×2.5 cm）卷成圆筒作纸芯（高约 2.5 cm），插入上述准备好的圆形滤纸的小孔中，并保持滤纸芯的上端与滤纸面相平齐，下端应刚好接触培养皿底面。

将 20 mL 展开剂[2]倒入干燥的培养皿中（注意：切勿使溶剂沾污培养皿的边沿），将点好样的滤纸平放在培养皿上，并迅速用同样大小的培养皿严密覆盖在滤纸上。此时可观察到溶剂沿纸芯上升到圆形滤纸上，并向四周扩散。待溶剂前沿到达培养皿边缘时，取出滤纸，拨出纸芯，迅速用铅笔画溶剂前沿的位置，再用电吹风将滤纸吹干或用红外灯烤干。

3. 显色

用喷雾器将 0.1% 茚三酮溶液均匀地喷在滤纸上，并盖过溶剂前沿，再用电吹风吹干后，即显出各氨基酸的色斑，用铅笔标记各斑点中心的位置。

4. 测 R_f 值

用尺子分别量出从点样点（即原点）到溶剂前沿的距离，以及从点样点至各氨基酸色斑中心的距离。求出各氨基酸的 R_f 值，确定未知样品为何种氨基酸。

五、附注

[1] 滤纸的选择：要求滤纸质地均匀，平整无折痕，边缘整齐；应有一定的机械强度，滤纸纤维的松紧适宜；纸质要纯，并无明显的荧光斑点，以免与图谱斑点相混淆，影响鉴别。在选用滤纸的型号时，应结合分离对象加以考虑。

[2] 展开剂：供纸层析用的展开剂往往不是单一的，如常用的丁醇-水是指用水饱和的丁醇；又如本实验用的正丁醇：乙酸：乙醇：水＝4：1：1：2（体积比），是指按它们的体积比进行混合，充分振荡混合，静置分层后取上层清液为展开剂。

六、思考题

1. 纸色谱的展开剂中，为什么要含一定比例的水？

2. 纸色谱的展开为什么要在密闭的容器中进行？

3. 在纸色谱法鉴定氨基酸实验中，固定相、流动相各是什么？

4. 在纸色谱法鉴定氨基酸实验中，为什么要用 R_f 值而不用"原点至色斑中心的距离"来鉴定未知物？

5. 在纸色谱法鉴定氨基酸实验中，为什么要有足够的展开时间？

6. 纸色谱法鉴定氨基酸实验中显色时，为什么要用喷雾器均匀地喷显色剂？所喷的显色剂是否越多越好？

实验三　薄层色谱实验

一、实验目的

1. 了解薄层色谱的基本原理和应用。
2. 掌握利用薄层色谱分离鉴别有机化物的操作方法。

二、实验原理

薄层色谱，常用 TLC 表示，是快速分离和定性分析少量物质的一种重要实验技术。常用的有薄层吸附色谱和薄层分配色谱两种。薄层吸附色谱是将吸附剂均匀地涂在玻璃板上作为固定相，经干燥活化后点上样品，以具有适当极性的有机溶剂作为流动相。当流动相沿薄层展开时，混合样品中易被固定相吸附的组分（即极性较强的成分）移动较慢，而较难被固定相吸附的组分（即极性较弱的成分）移动较快。经过一段时间的展开后，不同组分彼此分开，形成互相分离的斑点，如图 2-13 所示。它不仅适用于少量样品（$1\sim100$ μg 甚至 0.01 μg）的分离，还适用于较大量样品（可达 500 μg）的精制。此法对于挥发性较小或在较高温度时易发生变化而不能用气相色谱法分析的物质特别适用。薄层色谱是在干净的玻璃板、塑料或者铝基片上均匀涂一层合适的吸附剂。待干燥、活化后，将样品溶液用内径为 0.5 mm、管口平整的普通毛细管点在离薄层板一端约 1 cm 处的起点线上晾干或吹干后，将薄层板放入盛有展开剂的展开槽内，进入深度约 0.5 cm。待展开剂前沿离顶端约 1 cm 处时，将薄层板取出，吹干后喷显色剂显色或者在紫外光灯下显色。计算原点至色斑中心的距离与原点到展开剂前沿的距离的比值，即 R_f 值，如图 2-14 所示。良好的分离，R_f 值应在 $0.2\sim0.8$ 之间，否则，应更换展开剂重新展开。

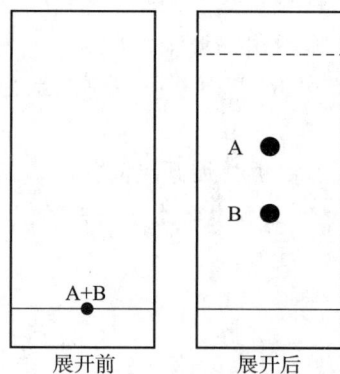

图 2-13　薄层色谱的分离示意图　　图 2-14　比移值计算示意图

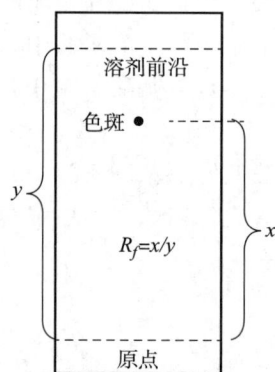

1. 薄层板制备[1]

除另有规定外，将 1 份固定相和 3 份水在研钵中向一个方向研磨混合，除去表面的气泡后，倒入涂布器中，在玻璃板上平稳地移动涂布器进行涂布（厚度为 $0.2\sim0.3$ mm）。取下涂好薄层的玻璃板，置于水平台上于室温下晾干，而后在 110 ℃烘 30 min，放入置有干燥剂的干燥箱中备用。使用前检查其均匀度（可通过透射光和反射光检视）。

手工制板一般分为不含黏结剂的软板和含黏结剂的硬板两种。

常用吸附剂颗粒太大，洗脱剂流速快，分离效果不好；太小，溶液流速太慢。一般来说，吸附性强的颗粒稍大，吸附性弱的颗粒稍小。氧化铝一般在 100～150 目。氧化铝分为碱性氧化铝，适用于碳氢化合物、生物碱及碱性化合物的分离，一般适用于 pH 为 9～10 的环境；中性氧化铝，适用于醛、酮、醌、酯等 pH 约为 7.5 的中性物质的分离；酸性氧化铝，适用于 pH 为 4～4.5 的酸性有机酸类的分离。氧化铝、硅胶根据活性分为 5 个级，1 级活性最高，5 级最低。

为了使固定相（吸附剂）牢固地附着在载板上，以增加薄层的机械强度，有利于操作，需要在吸附剂中加入合适的黏结剂。有时为了进行特殊的分离或检验，要在固定相中加入某些添加剂。

硅胶板于 105～110 ℃烘 30 min，氧化铝板于 150～160 ℃烘 4 h，可得活性的薄层板。

2. 点样[2,3]

除另有规定外，用点样器点样于薄层板上。一般为圆点，点样基线距底边 2.0 cm，样点直径及点间距离同纸色谱法。点间距离可视斑点扩散情况，以不影响检验为宜。点样时，必须注意不要损伤薄层表面。点样直径不超过 3 mm，点样距离一般为 1～1.5 cm 即可。样品在溶剂中的溶解度很大，原点将呈空心环——环形色谱效应。因此，配制样品溶液时，应选择对组分溶解度相对较小的溶剂。点样方式有点状点样和带状点样。

3. 展开[4]

展开剂也称为溶剂系统或洗脱剂，是在平面色谱中用作流动相的液体。展开剂的主要任务是溶解被分离的物质，在吸附剂薄层上转移被分离物质，使各组分的 R_f 值在 0.2～0.8 之间[5]，并对被分离物质有适当的选择性。作为展开剂的溶剂，应满足以下要求：适当的纯度、稳定性、低黏度、线性分配等温线、很低或很高的蒸气压及尽可能低的毒性。

平面色谱的展开如图 2-15 所示。

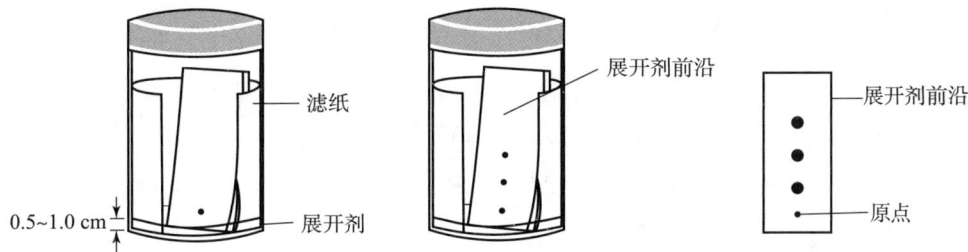

图 2-15　薄层色谱的展开示意图

（1）单次展开。用同一种展开剂一个方向展开一次。这种方式在平面色谱中应用最为广泛（垂直上行展开、垂直下行展开、一向水平展开、对向水平展开）。

（2）多次展开。单向对此展开，用相同的展开剂沿同一方向进行相同距离的重复展开，直至分离满意。广泛应用于薄层色谱法。

（3）双向展开。用于成分较多、性质比较接近的难分离组分的分离。

薄层展开室需预先用展开剂饱和，可在室中加入足够量的展开剂，并在壁上贴两条与室的高、宽一样的滤纸条，一端浸入展开剂中，密封室顶的盖，使系统平衡或按正文规定操作。将点好样品的薄层板放入展开室的展开剂中，浸入展开剂的深度为距薄层板底边 $0.5\sim$ 1.0 cm（切勿将样点浸入展开剂中），密封室盖，待展开至规定距离（一般为 $10\sim15$ cm），取出薄层板，晾干，按各品种项下的规定检测。

4. 显色

（1）紫外灯显色法。

一些化合物吸收了较短波长的光，在瞬间发射出比照射光波长更长的光，而在纸或薄层上显出不同颜色的荧光斑点（灵敏度高、专属性高）。对于不发荧光的物质，可使用含有荧光剂（如硫化锌镉、硅酸锌、荧光黄）的层析板在紫外灯（图 1-22）下观察，展开后的有机化合物在亮的荧光背景下呈暗色斑点。

（2）碘熏显色法。

多数有机化合物吸附碘蒸气后，显示不同程度的黄褐色斑点，这种反应有可逆和不可逆两种情况。前者在离开碘蒸气后，黄褐色斑点逐渐消退，并且不会改变化合物的性质，且灵敏度也很高，故是定位时常用的方法；后者是由于化合物被碘蒸气氧化、脱氢而增强了共轭体系，因此在紫外光下可以发出强烈而稳定的荧光，对定性及定量都非常有利，但是制备薄层时，要注意被分离的化合物是否改变了原来的性质。

（3）试剂显色法。

这是广泛应用的定位方法。用于纸色谱的显色剂一般都适用于薄层色谱。含有防腐剂的显色剂不适合用于纸色谱及含有有机黏结剂薄层的显色；有时喷显色剂后需要加热，这也不适用于纸色谱。

显色方法：① 喷雾显色：显色剂溶液以气溶胶的形式均匀地喷洒在纸和薄层板上。② 浸渍显色：将挥发了展开剂的薄层板垂直地插入盛有展开剂的浸渍槽中，设定浸板和抽出速度，以及规定在显色剂中浸渍的时间。

通用显色剂有硫酸溶液（硫酸：水＝1：1，硫酸：乙醇＝1：1）、0.5%碘的氯仿溶液、中性 0.05%高锰酸钾溶液、碱性高锰酸钾溶液（还原性化合物在淡红色背景上显黄色斑点）。

三、实验仪器与试剂

1%偶氮苯的甲苯溶液，1%苏丹Ⅲ的甲苯溶液，1%的羧甲基纤维素钠（CMC）水溶液，硅胶 G，体积比为 9：1 的甲苯-乙酸乙酯，APC 镇痛药片，2%阿司匹林的 95%乙醇溶液，2%咖啡因的 95%乙醇溶液，95%乙醇，乙酸乙酯，石油醚，苯，乙酸，甲醇。

四、实验步骤

1. 偶氮苯和苏丹Ⅲ的分离

偶氮苯和苏丹Ⅲ由于极性不同，利用薄层色谱（TLC）可以将二者分离。

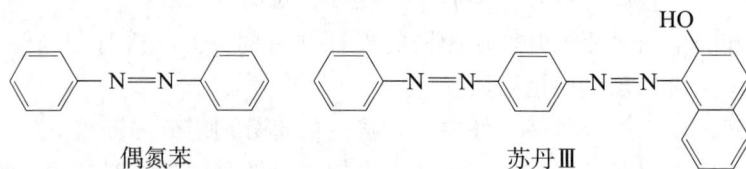

偶氮苯　　　　　　　　　　　苏丹Ⅲ

（1）点样。

取两块用上述方法制好的薄层板，分别在距一端 1 cm 处用铅笔轻轻画一条横线作为起始线。取管口平整的毛细管插入样品溶液[6]中，在一块板的起点上点 1％偶氮苯的甲苯溶液和混合液两个样点。在第二块板的起点线上点 1％苏丹Ⅲ的甲苯溶液和混合液两个样点，样点间相距 1～1.5 cm。如果样点的颜色较浅，可重复点样。重复点样前，必须待前次样点干燥后进行。样点直径不应超过 2 mm。

（2）展开。

用 6∶1（体积比）的石油醚-乙酸乙酯为展开剂，待样点干燥后，小心放入已加入展开剂的 250 mL 广口瓶中进行展开。瓶的内壁贴一张高 5 cm，环绕周长约 4/5 的滤纸，下面浸入展开剂中，以使容器内被展开剂蒸气饱和。点样一端应浸入展开剂 0.5 cm。盖好瓶塞，观察展开剂前沿上升至离板的上端 1 cm 处取出，尽快用铅笔在展开剂上升的前沿处画一记号，晾干后观察分离的情况，比较二者 R_f 值的大小。

2. 镇痛药片 APC 组分的鉴定

普通的镇痛药如 APC 通常是几种药物的混合物，大多含有阿司匹林、咖啡因和其他成分，由于组分本身是无色的，需要通过紫外灯显色或碘熏显色，并与纯组分的 R_f 值比较来进行鉴定。

（1）样品液的制备。

从教师处领取镇痛药 APC 一片，用不锈钢勺研成粉状。用一小玻璃丝或棉球塞住一支滴管的细口，将粉状 APC 转入其中，使其堆成柱状，用另一支滴管从上口加入 5 mL 95％乙醇[7]通过柱状的镇痛药粉，将萃取液收集于小试管中。

（2）点样。

取两块用上述方法制好的薄层板，分别在距一端 1 cm 处用铅笔轻轻画一横线作为起始线。用毛细管[8]在一块板的起始线上点药品和 2％阿司匹林的 95％乙醇溶液两个样点；在第二块板的起始线上点药品萃取液和 2％咖啡因的 95％乙醇溶液两个样点。样点间相距 1～1.5 cm。如果样点的颜色较浅，可重复点样，但必须待前次样点干燥后进行。样点不宜过大，控制直径在 2 mm 内。

（3）展开。

用体积比苯∶乙醚∶乙酸∶甲醇＝120∶60∶18∶1 作为展开剂。待样点干燥后，小心地放入已加入展开剂的广口瓶中进行展开。瓶的内壁贴一张高 5 cm，环绕周长约 4/5 的滤纸，下面浸入展开剂内 0.5 cm，盖好瓶塞，观察展开剂前沿上升至离板的上端 1 cm 处取出，尽快用铅笔在展开剂上升的前沿处画一记号。

（4）鉴定。

将烘干的薄层板放入 254 nm 紫外分析仪中照射显色，可清楚地看到展开得到的暗红色亮点，说明 APC 药片中 3 种主要成分都是荧光物质。用铅笔绕亮点作出记号，求出每个点的 R_f 值，并将未知物和标准样品比较。如测定值和参考值误差在 ±20％以下，即可确定为同一化合物；如误差超过 20％，则需重新点样并适当增加展开剂中醋酸的比例。

在完成薄层板的分析之后，将层析板置于放有几粒碘结晶的广口瓶内，盖上瓶盖，直至暗棕色的斑点明显时取出，并与先前在紫外分析仪中用铅笔作出的记号进行比较。

五、附注

[1] 制板时，要求薄层平滑、均匀。为此，宜将吸附剂调得稍稀些，尤其是制硅胶板时，更是如此。如果吸附剂调得很稠，则很难做到均匀。

[2] 点样用的毛细管必须专用，不得弄混。点样要轻，使毛细管液面刚好接触到薄层即可，不可刺破薄层。

[3] 点样时，要注意样点不能过大。点样时，如果浓度过大，会造成斑点过大或出现拖尾等现象，影响分离效果。

[4] 展开时，注意观察样点的移动情况。

[5] 仔细测量移动的距离，计算 R_f 值。

[6] 样品最好用具有挥发性的有机溶剂溶解，不应用水溶液，因为水分子与吸附剂的相互作用力较弱，当它占据了吸附剂表面的活性位置时，就使吸附剂的活性降低，从而使斑点扩散。

[7] 在制备样品时，溶液溶剂黏度不能过高，以便于点样。

[8] 为避免不同定量毛细管的点样误差，建议一块薄层板上最好用同一支毛细管。但应注意，更换样品时，应将毛细管用超声波或不同极性溶剂清洗干净。

六、思考题

1. 为什么可以用 R_f 来鉴定有机化合物？如何利用 R_f 来鉴定有机化合物？

2. 点样时，应注意哪些事项？点样时，斑点越小，分离效果越好，为什么？

3. 常用的薄层色谱显色剂是什么？

4. 薄层色谱的比移值 R_f 的大小说明什么？为什么？

5. 影响薄层色谱的比移值 R_f 大小的因素有哪些？如何影响？

6. 做薄层色谱实验时，展开剂不可浸过样品点。若超过，将产生什么后果？

实验四　柱色谱实验

一、实验目的

1. 了解柱色谱法的基本原理和应用。
2. 学习柱色谱分离有机物的操作方法。

二、实验原理

柱色谱按其分离原理，可以分为吸附色谱和分配色谱两种。吸附色谱常用氧化铝、硅胶等吸附剂作固定相；分配色谱常用硅胶、硅藻土及纤维素等为载体，以吸收较大量的液体作固定相。

吸附柱色谱法是将吸附剂装在长玻璃管（色谱柱）内作固定相，将欲分离的混合样品配制成溶液，从色谱柱的上端缓缓加入柱内，然后选择极性适当的洗脱剂作为展开剂（流动相），使其以一定的速度通过色谱柱进行洗脱，如图 2-16 所示。当欲分离的混合物随着流动相通过色谱柱时，在固定相上反复发生吸附—解吸—再吸附—再解吸的过程。受固定相吸附作用弱的组分在柱内移动速度快，受固定相吸附作用强的组分在柱内移动速度慢，最后达到相互分离的目的。

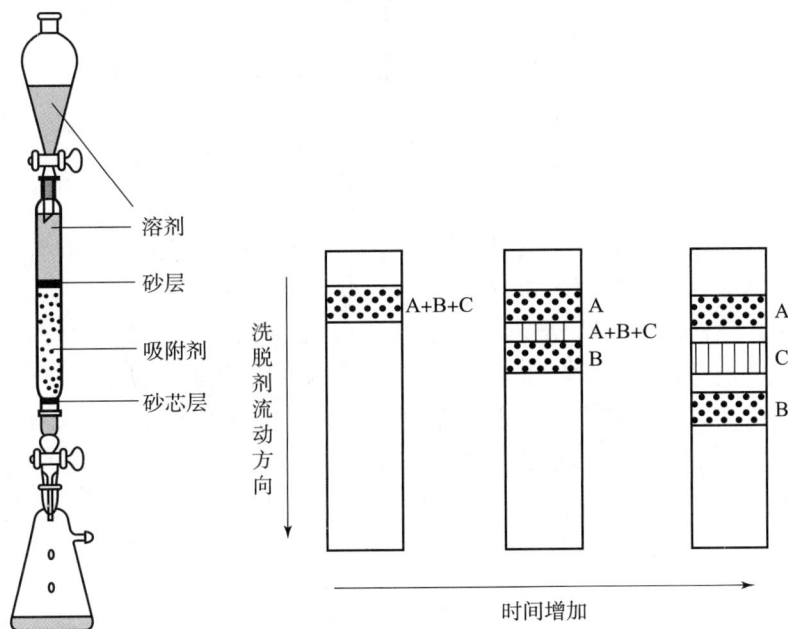

图 2-16　吸附柱层析的装置

1. 装柱方法

装柱子（添硅胶）时，有两种方法，即湿法装柱和干法装柱，二者各有优劣。不论干法还是湿法，硅胶（固定相）的上表面一定要平整，并且硅胶（固定相）的高度一般为 15 cm

左右，太短了可能分离效果不好，太长了也会由于扩散或拖尾而导致分离效果不好。

湿法装柱是先把硅胶用适当的溶剂拌匀后，再填入柱子中，然后加压，用淋洗剂"走柱子"。本法最大的优点是柱子装得比较结实，没有气泡。

干法装柱则是直接往柱子里填入硅胶，然后轻轻敲打柱子两侧，至硅胶界面不再下降为止，然后填入硅胶至合适高度，最后用油泵直接抽，这样就会使柱子装得很结实。接着是用淋洗剂"走柱子"。一般淋洗剂是采用 TLC 分析得到的展开剂的比例再稀释一倍后的溶剂。通常上面加压，下面再用油泵抽，这样可以加快速度。干法装柱较方便，但最大的缺陷在于"走柱子"时，由于溶剂和硅胶之间的吸附放热（用手摸柱子可以明显感觉到），容易产生气泡，这一点在使用低沸点的淋洗剂（如乙醚、二氯甲烷）时更为明显。虽然产生的气泡在加压的情况下不易察觉，但是，一旦撤去压力，如在上样、加溶剂等操作的时候，气泡就会释放出来，严重时，样品不能平整地通过，当然也就谈不上分离了。解决的办法是：第一，硅胶一定要填结实；第二，一定要用较多的溶剂"走柱子"，一定要到柱子的下端不再发烫，恢复到室温后再撤去压力。

此外，也有在硅胶的最上层填上一小层石英砂，以防添加溶剂的时候，样品层不再整齐。图 2-17 所示是一些装柱时常见的现象与问题柱子出现的原因。

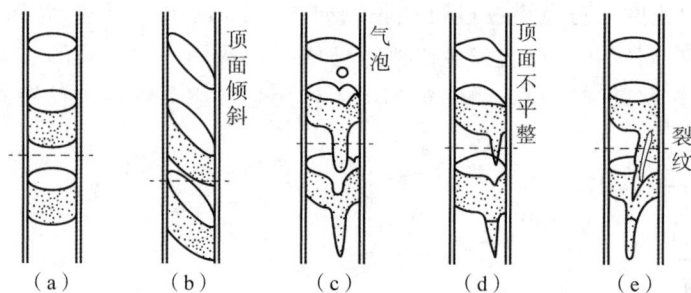

图 2-17　柱色谱可能出现的现象

2. 上样方法

上样也有干法和湿法之分。干法就是把待分离的样品用少量溶剂溶解后，再加入少量硅胶，拌匀后旋去溶剂，如此得到的粉末再小心加到柱子的顶层。干法上样较麻烦，但可以保证样品层很平整。湿法上样就是用少量溶剂（最好就是展开剂，如果展开剂的溶解度不好，则可以用极性较大的溶剂，但必须少量）将样品溶解后，再用胶头滴管转移得到的溶液，沿着层析柱内壁均匀加入。然后用少量溶剂洗涤后，再加入。湿法较方便，经验丰富的操作人员一般采用此法。上样完毕后，接着即用淋洗剂淋洗。淋洗剂一般采用 TLC 分析得到的展开剂的比例再稀释一倍后的溶剂。由于层析柱和薄板不同，即使两者使用的硅胶都相同，但是在把 TLC 分析得到的展开剂用在柱层析时，也显得极性偏大，所以要稀释一倍，但又不能稀释太多，否则，成了靠扩散作用来分离，效果也不会好。

3. 洗脱

洗脱剂的选用可通过薄层色谱筛选，一般 TLC 展开时，R_f 值为 0.2～0.3 的溶剂系统是最佳的洗脱系统，采用梯度洗脱法洗脱。先打开柱下端活塞，保持洗脱剂流速 1～2 滴/s。上端不断添加洗脱剂（可用分液漏斗控制添加速度与下端流出速度相近）。如单一溶剂洗脱效果不好，可用混合溶剂洗（一般不超过 3 种溶剂）。通常采用梯度洗脱，洗脱剂的洗脱能力由弱到强逐步递增。通过梯度洗脱可以分别收集分离后的相应组分，如图 2-18 所示。

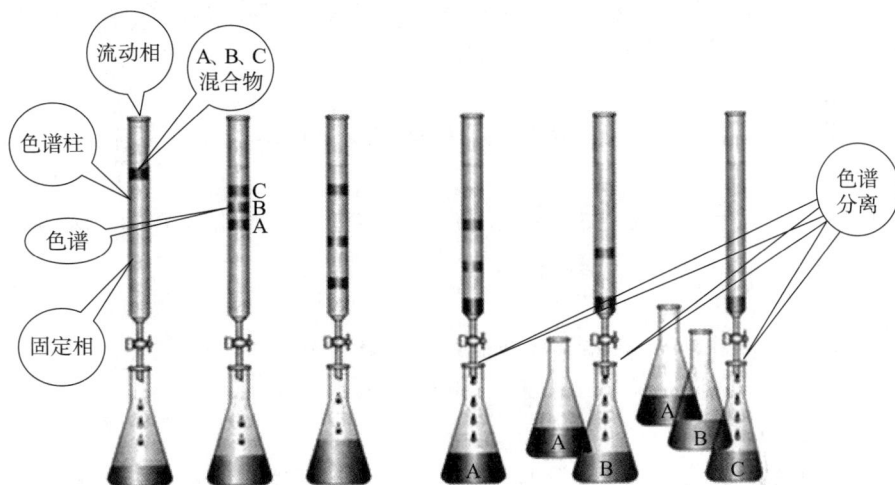

图 2-18　吸附柱层析的洗脱与洗脱液的收集

常见溶剂和洗脱剂的极性按如下次序递减：水（最大）＞甲酰胺＞乙腈＞甲醇＞乙醇＞丙醇＞丙酮＞二氧六环＞四氢呋喃＞甲乙酮＞正丁醇＞乙酸乙酯＞乙醚＞异丙醚＞二氯甲烷＞氯仿＞溴乙烷＞苯＞四氯化碳＞二硫化碳＞环己烷＞己烷＞煤油（最小）。

强极性溶剂：甲醇＞乙醇＞异丙醇。

中等极性溶剂：乙氰＞乙酸乙酯＞氯仿＞二氯甲烷＞乙醚＞甲苯。

非极性溶剂：环己烷，石油醚，己烷，戊烷。

常用混合溶剂：

乙酸乙酯/己烷：常用浓度 0～30％。但有时较难在旋转蒸发仪上完全除去溶剂。

乙醚/戊烷体系：浓度为 0～40％的比较常用。在旋转蒸发器上非常容易除去。

乙醇/己烷或戊烷：对强极性化合物，5％～30％比较合适。

二氯甲烷/己烷或戊烷：5％～30％。当其他混合溶剂失败时，可以考虑使用。

化合物的极性取决于分子中所含的官能团及分子结构。各类化合物的极性按下列次序增加：

—CH₃，—CH₂—，—CH＝，—CH≡，—O—R，—S—R，—NO₂，—N（R）₂，—OCOR，—CHO，—COR，—NH₂，—OH，—COOH，—SO₃H

三、实验仪器与试剂

仪器：色谱柱（或 25 mL 碱式滴定管），25 mL 锥形瓶，普通漏斗，量筒，试管，电子天平，烧杯。

试剂：石油醚（60～90 ℃），丙酮，中性氧化铝（100～200 目），甲基橙和亚甲基蓝混合液，95％乙醇，玻璃棉或脱脂棉。

四、实验步骤

1. 装柱

取一支色谱柱[1,2]，在色谱柱的底部塞一小团脱脂棉花，注意松紧要适度。再在脱脂棉花上盖上一张比色谱柱内径略小的滤纸片或约 2 mm 的石英砂。然后采用干法在棉花上装填氧化铝吸附剂，并轻轻敲击，将填料弄平，必要时可用吸气机将氧化铝[3]填料吸实，氧化铝的高度为管长的 3/4，约为 4 cm，盖上滤纸片。

2. 装配仪器

将色谱柱垂直固定在铁架台上，往柱内加适量 70％乙醇溶液，打开活塞，赶走气泡。

3. 洗柱

从柱口向柱中一次性连续倒入 5～6 mL 95％乙醇溶液，并略有多余，保持乙醇液面只高出吸附剂顶面约 1 mm，关闭活塞。

4. 加样

用滴管吸取甲基橙和亚甲基蓝混合液试样，并往色谱柱内滴加 16～18 滴试样，关闭活塞。

5. 洗脱亚甲基蓝

在柱顶装一滴液漏斗[4]，内盛足量的乙醇，打开漏斗活塞，让乙醇缓缓滴入柱中（刚开始时应沿柱子内壁缓缓滴下，以防滴速过快而导致吸附剂顶面松动浮起）。当洗脱剂液面高出吸附[5,6]顶面约 2 cm 时，打开层析柱下端活塞，使洗脱液以 1～2 滴/s 的速率滴下。调节洗脱液的滴加速度，使之与下面洗脱液流出速度大致相等，用锥形瓶收集黄色的亚甲基蓝溶液。

6. 洗脱甲基橙

当蓝色溶液收集完后，等柱内的 70％乙醇溶液恰好流到滤纸面时，关闭活塞，加入适量自来水作为洗脱剂。打开活塞，收集甲基橙溶液，直到其完全被洗出。

7. 计量

用量筒分别量取所分离出来的亚甲基蓝和甲基橙溶液的体积后，倒入指定的回收瓶中。

8. 色谱柱后处理

分离结束后，应先让溶剂尽量流干，然后倒置，用洗耳球从活塞口向管内挤压空气，将吸附剂从柱顶挤压出。使用过的吸附剂倒入垃圾桶里，切勿倒入水槽，以免堵塞水槽。

五、附注

[1] 色谱柱一定要干燥，若潮湿，可用吹风机吹干或无水有机溶剂（甘油等）清洗。

[2] 色谱柱中吸附剂的装填要紧密，要求无断层、无裂缝、无气泡。若柱中留有气泡或各部分松紧不匀（更不能有断层或暗沟），会影响渗滤速度和显色的均匀。但如果填装时过分敲击，色谱柱中吸附剂填充过于紧密，会导致洗脱剂流速太慢，实验周期变长。

[3] 中性氧化铝应在 500 ℃烘干 4 h，然后冷却至 100 ℃，迅速装瓶，置于干燥器中待用。

[4] 如不装置滴液漏斗，也可用每次倒入 10 mL 洗脱剂的方法进行洗脱。当一种溶剂不能实现很好的分离时，选择使用不同极性的洗脱剂分级洗脱。当一种溶剂作为洗脱剂只洗脱了混合物中的一种化合物，对其他组分不能展开洗脱时，需换一种极性更大的溶剂进行第二次洗脱。这样分次用不同的洗脱剂可以将各组分分离。

[5] 在装吸附剂的过程中，应用质软的物体如试管夹、吸耳球等轻轻敲击柱身，促使吸附剂装填紧密，排除气泡。最终应使吸附剂的上端平整，无凹凸面。

[6] 为了保持色谱柱的均一性，使整个吸附剂浸泡在溶剂或溶液中是必要的。洗脱时切勿使溶剂流干，否则，会使柱身干裂，影响渗透和显色的均一性。

六、思考题

1. 柱色谱中，为什么甲基橙和亚甲基蓝两组分需要采用不同的洗脱剂进行洗脱？
2. 柱中若留有空气或填装不匀，对分离效果有何影响？如何避免？
3. 柱内吸附剂顶面为何要保持水平，并处于洗脱剂液面之下？
4. 为什么要待试样全部入柱后才能洗脱？

实验五　熔点和沸点的测定

（一）熔点的测定

一、实验目的

了解熔点测定的原理和意义，掌握测定熔点的操作技术。

二、实验原理

化合物的熔点是指在标准大气压下该物质的固-液两相达到平衡时的温度。但通常把晶体物质受热后由固态转化为液态时的温度作为该化合物的熔点。

纯粹的有机化合物一般都有固定的熔点。在一定的大气压下，固-液两相之间的变化非常敏锐，从初熔到全熔的温度范围（称熔点距或熔程）不超过 $0.5 \sim 1$ ℃（图 2-19）。若混有杂质，则熔点有明显变化，不但熔程距扩大，而且熔点往往下降。因此，熔点是晶体化合物纯度的重要指标。多数有机化合物的熔点一般不超过 350 ℃，较易测定，故可借测定熔点来鉴别未知有机物和判断有机物的纯度。

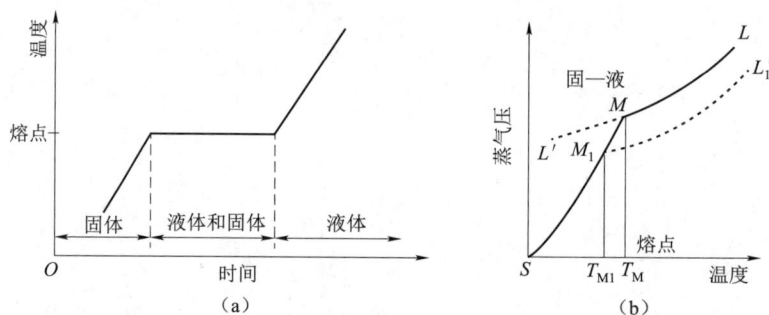

图 2-19　物质温度与时间及蒸气压的关系图
(a) 温度-时间；(b) 温度-蒸气压

为鉴别两种熔点相同的化合物是否是同一物质，可采用混合熔点法，即将两种物质均匀混合（常按 $1:1$ 比例）后测混合物的熔点。如果熔点不变，说明二者为同一物质；如果熔点降低（通常可下降 $10 \sim 30$ ℃），熔点距扩大，则二者不是同一物质。

三、仪器与试剂

仪器：b 形管（齐氏管，Thiele bube），毛细管，玻璃管（约 40 cm 长），显微镜熔点测定仪。

试剂：液体石蜡，α-萘乙酸，反肉桂酸（又叫反桂皮酸），未知物（可用尿素等）。

四、实验步骤

熔点的测定对研究有机化合物具有重要的意义。物质的熔点可用毛细管法或借助测定仪进行测定，前者仪器简单、操作方便，本实验将做重点介绍；后者操作简便、快速。

1. 准备熔点管

取市售的毛细管（内径 1 mm 左右）截成 6～8 cm 长的小段，将其一端在酒精灯外焰处呈 45°转动加热，烧熔封口而得。

2. 装填样品

取 0.1～0.2 g 预先研细与烘干的样品，堆积于一洁净而干燥的表面皿上。然后将熔点管开口一端插入样品堆中，反复数次，即有少量的样品挤入熔点管中。取长约 40 cm 的玻璃管直立于桌面上，令熔点管开口端向上从玻璃管中自由下落，使样品紧密填充在熔点管的下端，如此反复数次直到熔点管内样品高 2～3 mm 时为止，每种样品装 2～3 根。

3. 仪器装置

将 b 形管（或用长颈烧瓶等其他合适的仪器代替）固定于铁架台上，倒入液体石蜡作为浴液，其用量以略高于 b 形管的上侧管为宜。

将装有样品的熔点管用橡皮圈固定于温度计的下端，使熔点管装样品的部分位于水银球的中部（图 2-20（c））。然后将此带有熔点管的温度计，通过有缺口的软木塞，小心地插入 b 形管中，使之与管同轴，并使温度计的水银球位于 b 形管的两支管的中心（注意，切勿使橡皮圈触及浴液，以免橡皮圈被浴液所溶胀和浴液被污染）。

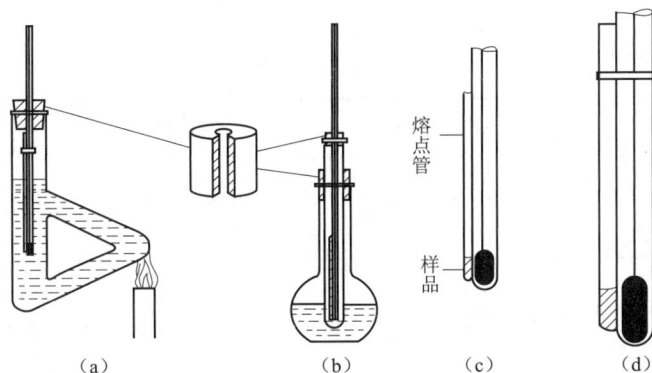

图 2-20 熔点测定装置

4. 熔点测定

① 粗测：如测未知物的熔点，在上述准备工作完成后，可用小火在图 2-20（a）所示位置缓缓加热，使温度每分钟上升约 5 ℃。观察并记录样品开始熔化时的温度，此时样品的粗测熔点，作为下面精测时的参考。

② 精测：待浴液温度下降到至初测熔点以下 30 ℃ 左右时，将温度计取出，换上另一根装样品的熔点管进行精测。开始升温可稍快，当温度升至离粗测熔点约 10 ℃ 时，控制火焰，使每分钟升温不超过 1 ℃。此时，应特别注意温度上升与熔点管中样品变化的情况。当熔点管中样品开始塌落、湿润，出现小液滴时（图 2-21），表示样品开始熔化，记录此时

的温度，即为样品的始熔温度。继续微热（切勿撤离热源），至固体样品全部消失变为透明液体时再记录温度，此即样品的全熔温度，样品的熔点表示为：$t_{始熔} \sim t_{全熔}$。

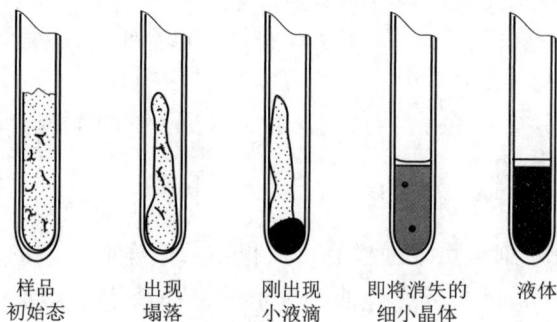

| 样品
初始态 | 出现
塌落 | 刚出现
小液滴 | 即将消失的
细小晶体 | 液体 |

图 2-21　晶体熔化过程示意图

按上述步骤进行如下测定：

（1）判断已知物的纯度。

① 测定纯阿司匹林的熔点（精测 2 次）。

② 测定阿司匹林制备实验中自己制备的阿司匹林样品的熔点（精测 2 次）。比较测定所得数据，定性地判断合成产品的纯度。

（2）混合熔点法鉴定有机物。

① 按编号取未知物测熔点（粗测 1 次），精测 2 次。使用表 2-1 中的数据推测未知样可能为何物。

表 2-1　化合物熔点

化合物	熔点/℃	化合物	熔点/℃
α-萘乙酸	132～133	反桂皮酸	132～133
水杨酸	158～159	乙酰水杨酸	134～136
α-萘酚	121～122		

② 将未知物与推测物混合（约 1：1），测定其熔点（2 次）。根据所得数据确定未知物为何物。

附：显微镜熔点测定法

显微镜熔点测定仪是由单镜头显微镜、加热台及电源三个主要部分组成的（图 2-22），其优点是：

① 可测微量样品的熔点。

② 可测高熔点（高至 350 ℃）的样品。

③ 通过放大镜可观察样品在加热过程中变化的全过程。如结晶水的失去、多晶的变化及化合物的分解等。

操作方法如下：

① 装上温度计及保护套管。

② 将洁净的特制玻璃片放在可以移动的支持器内，取微量经研细烘干的样品放在玻璃片上，并用另一薄玻片盖住样品（玻璃薄片可用盖玻片代替）。

③ 调节支持器使样品对准加热台中心的孔洞，再用一带磨砂边的圆玻璃盖盖住加热台。

④ 调节镜头焦距，使样品清晰可见。

⑤ 接通电源，打开开关，开始升温。调节电位器旋钮，控制升温速度，当温度接近样品的熔点时，每分钟升温不得超过 1 ℃。观察样品变化，当结晶棱角开始变圆时，表明熔化开始；结晶形状全部消失而变为小液滴时，表明完全熔化。记录始熔及全熔的温度。

⑥ 测完熔点，停止加热，稍冷，用镊子取走圆玻璃盖及薄玻片，将一特制的厚铝板放在加热台上（帮助散热），加速冷却以备重测。

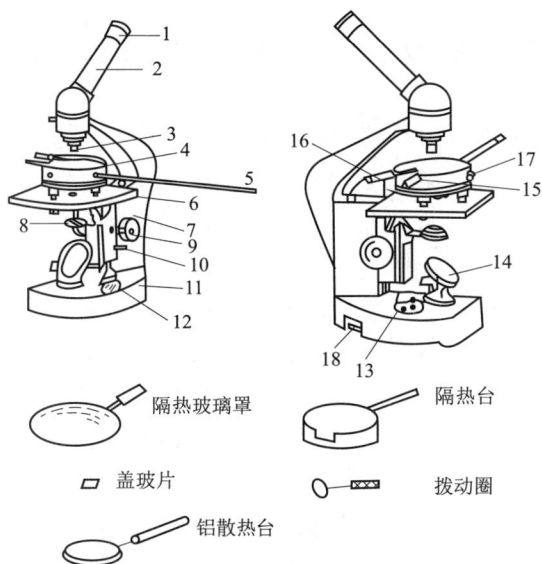

1—目镜；2—棱镜检偏部件；3—物镜；4—热台；5—温度计；6—加热台；7—镜身；8—起偏振件；
9—粗动手轮；10—止紧螺钉；11—底座；12—波段开关；13—电位器旋钮；14—反光镜；
15—拨动圈；16—隔热台；17—地线柱；18—电压表。

图 2-22　X 型显微熔点测定仪

（二）沸点的测定

一、实验目的

1. 理解沸点测定的原理和意义。
2. 掌握微量法测定沸点的操作技术。

二、实验原理

液体的蒸气压随温度的升高而迅速增大。当液体的蒸气压与外界气压相等时，液体呈沸腾状态，此时的温度为该液体在该气压下的沸点。通常所说的沸点是指在 1 大气压（101.3 kPa）下液体沸腾时的温度。在一定的压力下，纯液态有机化合物都有一定的沸点[1]，而且沸点距（沸程）也很小（0.5～1 ℃）。所以，测定沸点是鉴定有机化合物和判断物质纯度的依据之一。测沸点常用的方法有常量法（蒸馏法）和微量法（沸点管法）两种。

三、仪器与试剂

仪器：b 形管，毛细管，玻璃管（约 40 cm 长）。

试剂：待测样品（可选用四氯化碳、乙酸乙酯、丙酮、1-溴丙烷、乙酰乙酸乙酯等），浴液（液态石蜡等）。

四、实验步骤

1. 常量法测定沸点

常量法测定沸点所用仪器装置及安装、操作中的要求和注意事项都与普通蒸馏一样。

2. 微量法测定沸点

（1）沸点管的制备：沸点管由外管和内管组成。外管用长 7～8 cm，内径 0.3～0.5 cm 的玻璃管将一端烧熔封口制得，内管用市购的毛细管截取 3～4 cm 封其一端而成。测量时将内管开口向下插入外管中。

（2）沸点的测定：取 1～2 滴待测样品滴入沸点管的外管中，将内管插入外管中，然后用小橡皮圈把沸点管附于温度计旁（应使装样品的部分位于温度计水银球的中部，如图 2-23 所示），再把该温度计固定在装有浴液的 b 形管内，令温度计的水银球位于 b 形管两支管中间，然后加热。加热时由于气体膨胀，内管中会有小气泡缓缓逸出，当温度升到比沸点稍高时，管内会有一连串的小气泡快速逸出。这时停止加热，使浴液自行冷却，气泡逸出的速度即渐渐减慢。在最后一气泡不再冒出

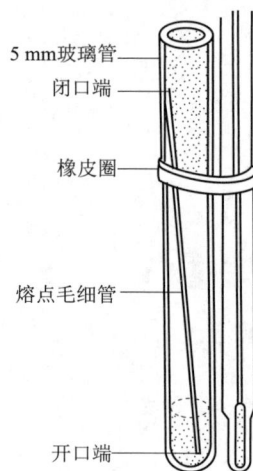

5 mm玻璃管
闭口端

橡皮圈

熔点毛细管

开口端

图 2-23　微量法沸点测定装置

并要缩回内管，内外管液面等高的瞬间，记录此时的温度，即为该液体的沸点[2]。等温度下降 10～20 ℃后，可重新加热再测一次（再次所得数值不得相差 1 ℃）。

按上述方法进行如下测定：

测定分析纯四氯化碳或丙酮等样品的沸点。

五、附注

[1] 有恒定沸点的物质不一定都是纯净物，如共沸混合物也有恒定沸点。

[2] 此法原理是：在最初加热时，毛细管内存在的空气膨胀逸出管外，继续加热时出现气泡流。当加热停止时，留在毛细管内的唯一蒸气是由毛细管内的样品受热所形成的。此时，若液体受热温度超过其沸点，管内蒸气的压力就高于大气压；若液体冷却，其蒸气压下降到低于大气压时，液体即被压入毛细管内。当气泡不再冒出而液体刚要进入管内（即最后一个气派要回到管内）的瞬间，毛细管内蒸气压与大气压正好相等，所测温度即为该液体的沸点。

六、思考题

1. 在熔点实验中固定温度计的橡皮塞为什么需要缺口?

2. 用 b 形管测熔点时,温度计的水银球及熔点管应处于什么位置? 为什么?

3. 堆样品的表面皿、装样品的熔点管以及装紧样品时所用的长玻璃管,若不够清洁干燥,对所测熔点将产生什么影响?

4. 毛细管封口时,怎样的现象才表示封好了口?

5. 用毛细管装样时,为什么要把样品装得紧密?

6. A 物质与 B 物质在文献中给出的熔点是相同的,A、B 混合后,熔点有何变化?

实验六　重结晶提纯苯甲酸

一、实验目的

1. 了解利用重结晶提纯固体有机化合物的基本原理。
2. 掌握加热、热过滤、减压过滤和恒重干燥等基本操作。
3. 掌握菊花形滤纸的使用与折叠方法。
4. 掌握重结晶提纯苯甲酸的操作方法。

二、实验原理

将欲提纯的固体物质在较高温度下溶于合适的溶剂中制成饱和溶液，趁热将不溶物滤去，在较低温度下结晶析出，而可溶性杂质留在母液中，这一过程称为重结晶。重结晶是利用被提纯物质和杂质的溶解度，以及各自在混合物中的含量不同，而进行分离纯化的一种方法。绝大多数固体化合物在溶剂中的溶解度随温度的升高而增大，随温度的下降而减小。通常，在混合物中，被提纯物为主要成分，其含量较高，容易配制成热的饱和溶液，而此时杂质则远未达到饱和。因此，当热的饱和溶液冷却时，被提纯的物质由于溶解度下降会结晶出来，而杂质则全部或部分留在溶液中（若杂质在溶剂中的溶解度极小，则配成热饱和溶液后被过滤除去），这样便达到了提纯的目的。

重结晶适用于提纯杂质含量在5％以下的固体化合物，杂质含量过多，常会影响提纯效果，须经多次重结晶才能提纯。因此，常用其他方法，如水蒸气蒸馏、萃取等，先将粗产品初步纯化，然后用重结晶法提纯。

在利用重结晶提纯固体化合物时，溶剂的选择非常重要，重结晶的溶剂要求对待提纯的化合物有较大的溶解度温度效应，即高温下溶解度较大，低温下溶解度较小；而对其他杂质则要求温度效应较小，这样在冷却结晶的过程中，杂质才不会一同析出。同时，热过滤也显著地影响重结晶提纯的质量和回收率。重结晶中的热过滤主要是除去一些不溶性的杂质或为把某些可溶性杂质降到一定限量以下而加入的吸附剂等，此时溶液不能大幅度降温，否则，待提纯化合物会结晶析出。因此，要用保温过滤的方式，溶液量较少时，也可以用抽滤等快速过滤来代替，但此时抽滤漏斗要预先加热。

三、仪器与试剂

仪器：烧杯（50 mL、150 mL），热水漏斗，布氏漏斗，抽滤瓶，普通漏斗，天平，表面皿，水循环真空泵，石棉网，酒精灯，量筒，玻璃棒，定性滤纸等。

试剂：苯甲酸粗品，活性炭。

四、实验步骤

1. 常量实验步骤

称取 2 g 粗苯甲酸放入 150 mL 的烧杯中，加入 70～80 mL 纯水和 1～2 粒沸石，盖上表面皿，在石棉网上加热至沸，并用玻璃棒不断搅拌以促使固体溶解。沸腾后，如还有少量固体未溶解，可加少量纯水（5～10 mL）再加热煮沸，如还未溶完，则可能是不溶性杂质。停火稍冷，加入适量活性炭，搅拌后微沸5～10 min。与此同时，通过普通漏斗向热水漏斗中注入适量开水，把热水漏斗放在铁圈上固定，并在热水漏斗的支管端用酒精灯加热，以维持热水的温度，放上菊花形滤纸，趁热将上述热溶液分2～3次倒入漏斗中的菊花形滤纸上，并用干净的烧杯承接滤液。过滤过程中，热水漏斗和待滤溶液都要小火加热，以防冷却结晶析出，降低产率。

过滤完毕后，静置，让滤液自然冷却，完全结晶后对其抽滤，使晶体与母液分离，并用少量纯水冲洗滤饼，抽干。将滤饼转到干净的表面皿中，于80 ℃下烘干后，称重，计算回收率。

2. 微量实验步骤

称取0.5 g粗苯甲酸放入50 mL的烧杯中，加入15～20 mL纯水和1～2粒沸石，盖上表面皿，在石棉网上加热至沸，并用玻璃棒不断搅拌以促使固体溶解。沸腾后，如还有少量固体未溶解，可加少量纯水（3～5 mL）再加热煮沸，如还未溶完，则可能是不溶性杂质。停火稍冷，加入适量活性炭，搅拌后微沸5～10 min。与此同时，将微型布氏漏斗放在80 ℃的烘箱中预热5～10 min，拿出后迅速铺上滤纸，用少量热水润湿，迅速将热溶液分次倒入布氏漏斗抽滤，抽滤完毕后，静置，让滤液自然冷却，完全结晶后再次对其抽滤，使晶体与母液分离，并用少量纯水冲洗滤饼，抽干。将滤饼转到干净的表面皿中，于80 ℃下烘干后，称重，计算回收率。

五、思考题

1. 为什么活性炭不能在溶液沸腾时加入？
2. 将溶液进行热过滤时，为什么不用玻璃棒引流？
3. 将溶液进行热过滤时，为什么要尽可能减少溶剂挥发？怎样减少溶剂挥发？

实验七　折射率的测定

一、实验目的

1. 了解测定折射率对研究有机化合物的意义。
2. 学习使用阿贝折光仪测定液体折射率的方法。

二、实验原理

光在不同介质中传播的速度不同，所以，当光从一种介质射入另一种介质时，在分界面上发生折射现象。根据斯内尔（Snell）定律，光从空气（介质 A）射入另一介质 B 时（图 2-24），入射角 α 与折射角 β 的正弦之比叫折射率 n。

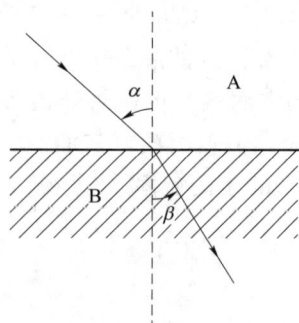

$$n = \frac{\sin\alpha}{\sin\beta}$$

以此关系式为基础，利用阿贝折光仪即可方便而精确地测出物质的折射率。

折射率是有机化合物重要的物理常数之一，尤其对液态有机化合物的折射率，一般手册、文献多有记载。折射率的测定常用于以下几个方面：

① 判断有机物纯度。作为液态有机物的纯度标准，折射率比沸点更为可靠。

② 鉴定未知化合物。如果一个未知化合物是纯的，即可根据所测得的折射率，排除预计中的其他可能性，从而识别这个未知物。

图 2-24　光的折射现象

③ 确定液体混合物组成。分馏时，可配合沸点测定，作为划分馏分的依据。

值得注意的是：化合物的折射率除与它本身的结构和光线的波长有关外，还受温度等因素的影响。所以，在报告折射率时，必须注明所用光线（放在 n 的右下角）与测定时的温度（放在 n 的右上角）。例如 $n_D^{20} = 1.469\,9$ 表示 20 ℃时，某介质对钠光（D 线 589 nm）的折射率为 1.469 9。

粗略地说，温度每升高 1 ℃时，液体有机化合物的折射率减少 4×10^{-4}。实际工作中，往往采用这一温度变化常数，把某一温度下所测的折射率换算成另一温度下的折射率。其换算公式为

$$n_D^{t_0} = n_D^{t} + 4 \times 10^{-4} \times (t - t_0)$$

式中，t_0 为规定温度；t 为实验时的温度。这一粗略计算虽有误差，但有一定的参考价值。

三、仪器构造

阿贝折光仪的结构如图 2-25 所示。

阿贝折光仪的主要部件是两块直角棱镜，上面一块边、面光滑的，为折射棱镜；下面一块是磨砂面的，为进光棱镜。两块棱镜可以启开与闭合，测定时，样品液的薄层就夹在两块

棱镜之间。除此之外，右边有一镜筒，是测量望远镜，用来观察折射情况。筒内还装有消色散棱镜，也称消色补偿器，通过它的作用，可将复色光变为单色光。因此，可直接利用日光测定折射率。所得数值和用钠光时所测得的数值完全一样。里面还有一镜筒，可以观察刻度盘，盘上刻有 1.300 0 ～ 1.700 0 的格子，即折射率读数。

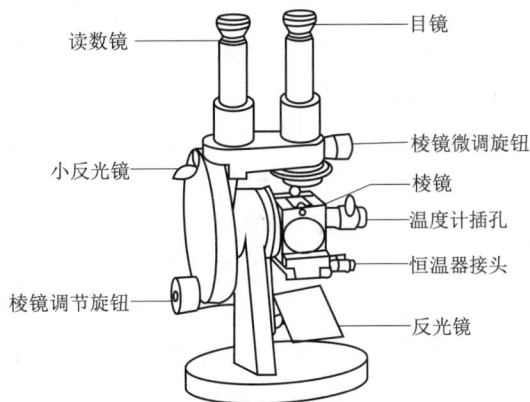

图 2-25　阿贝折光仪结构图

四、实验步骤

（一）仪器的准备

（1）将折光仪置于光线充足的实验台上，装上温度计，用橡皮管把折光仪与恒温水浴相连接，调节至所需的温度后再进行测定，也可以直接在室温下测定，再根据温度变化常数进行换算。

（2）每次测定之前，必须用丝绢或擦镜纸沾少量乙醚或丙酮顺同一方向轻轻擦洗上、下两块棱镜的镜面[1]，待晾干后再加入被测液体，以免留有其他物质影响测定准确度。

（二）读数的校正

为保证测定时仪器的准确性，对折光仪刻度盘上的读数应经常校验，方法如下：

1. 用重蒸蒸馏水校正

打开棱镜，取 2～3 滴重蒸蒸馏水均匀地滴进光棱镜的磨砂面上。关紧两棱镜，调节反光镜，使两镜筒内视场明亮。旋转仪器左侧棱镜的转动手轮，使刻度盘的读数等于重蒸蒸馏水的折射率[2]。转动右侧的消色散棱镜手轮，消除色散。观察望远镜筒内明暗分界线是否通过"×"字交叉线的交点（图 2-26）。若有偏差，则用附件方孔调节扳手转动望远镜筒上的物镜调节螺钉（也称示值调节螺钉），使明暗分界线恰好通过"×"字交叉点。

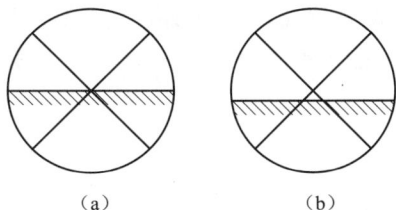

（a）　　　　（b）

图 2-26　阿贝折光仪在临界角时目镜视野图

（a）正确；（b）有偏差

2. 用标准折光玻璃块校正

将棱镜完全打开，取仪器所附的标准玻璃块（上面刻有它的折射率），在其抛光面上加一滴溴代萘，借此将它粘在折光仪有抛光面的棱镜上（使标准玻璃的小抛光面的一端向上，以接收光线）。调节刻度盘读数，使其等于标准玻璃块上所刻数值。观察望远镜内明暗分界线是否通过"×"字交叉点，若有偏差，按上法用方孔调节扳手调节之。

（三）样品的测定

（1）将棱镜表面擦干净、晾干。取待测液 2～3 滴，滴在进光棱镜的磨砂面上，关紧棱镜。要求液体均匀分布并充满视场[3]。

（2）调节反光镜，使两棱镜筒内视场明亮。

（3）旋转棱镜转动手轮，直到在望远镜内观察到明暗分界线。若出现色散光带，可旋转消色散棱镜手轮,消除色散,使明暗界线清晰。再旋转棱镜转动手轮,使明暗分界线恰好通过"×"字交叉点。记录刻度盘上的读数,重复测定 2～3 次,求其平均值,即为样品的折射率。注意记录测定时的温度。

(四) 仪器保存

测定完毕,应立即用乙醚或丙酮溶液擦洗两棱镜表面,晾干后再关闭保存[4]。

按上述步骤进行如下测定:

1. 判断已知物的纯度

取实验一中分馏乙醇-水所得的第一馏分,测其折射率,判断其纯度。

2. 鉴别未知物

实验室有一失去标签的纯净液态有机化合物,据估计,可能为丙酮或丁酮,取样品,测其折射率加以识别(由手册查知:丙酮 $n_D^{20}=1.358\ 6$,丁酮 $n_D^{20}=1.378\ 8$)。

五、附注

[1] 折光仪的棱镜必须注意保护,不得被镊子、滴管等器具造成刻痕。不得测定强酸、强碱及其他有腐蚀性的液体,也不能测定对棱镜与保温套之间的黏合剂有溶解作用的液体。

[2] 不同温度下纯水的折射率见表 2-2。

表 2-2 不同温度下纯水的折射率

温度/℃	14	18	20	24	28	32
水的折射率 n_D^t	1.333 48	1.333 17	1.332 99	1.332 62	1.332 19	1.331 64

[3] 若测挥发性液体,操作应迅速,或在测定过程中,用滴管由棱镜组侧面的小孔处补加待测液。

[4] 使用完毕,均应仔细擦洗镜面,晾干后再关闭棱镜。仪器在使用或保存时不得曝于日光中。不用时应将金属夹套内的水倒净并封闭管口,然后将仪器装入木箱,于干燥处保存。

六、思考题

1. 每次测定前后为何要擦洗棱镜面?擦洗时应注意些什么?

2. 如何将实验温度下所测得的乙醇的折射率换算成 20 ℃时的折射率?

实验八　旋光度的测定

一、实验目的

1. 了解测定旋光度的意义。
2. 学习旋光仪的结构原理，掌握测定旋光度的方法。

二、实验原理

有些化合物，特别是许多天然有机化合物，因其分子具有手性，能使偏振光的振动方向发生旋转，称为旋光性物质。偏振光通过旋光性物质后，振动方向旋转的角度称为旋光度，用 α 表示。偏振光顺时针旋转为右旋，用（＋）表示；逆时针旋转称左旋，用（－）表示。

旋光度的大小除与物质的本性有关外，还随待测液的浓度、样品管的长度、测定时的温度[1]、所用光的波长以及溶剂的性质而改变。因此，旋光度的数值不能直接用来比较各种旋光性物质的旋光能力，必须规定一些条件，使它成为能反映物质旋光能力的特性常数，才可用于比较各种旋光性物质。通常用比旋光度 [α] 表示，比旋光度与旋光度的关系可用下列公式表示：

$$[\alpha]_\lambda^t = \frac{\alpha}{cl}$$

式中，α 为旋光仪上直接读出的旋光度；c 为被测液的质量浓度，单位取 g/mL，如被测物本身为液体，此处的 c 应改为密度 ρ；l 为样品管的长度，单位取 dm；t 为测定时的温度；λ 为所用光源的波长。常用的单色光源为钠光灯的 D 线（λ＝589 nm），用"D"表示。

比旋光度是旋光性物质的特性常数之一，手册、文献上多有记载。因此，旋光度的测定具有以下意义：

① 测定已知物溶液的旋光度，再查其比旋光度，即可计算出已知物溶液的浓度。

② 将未知物配成已知浓度的溶液，测其旋光度，再计算出比旋光度，与文献值对照，作为鉴定未知物的依据。

三、旋光仪的基本结构和测定原理

测定旋光度的仪器称为旋光仪。旋光仪的类型很多，但其主要部件和测定原理基本相同，如图 2-27 所示。

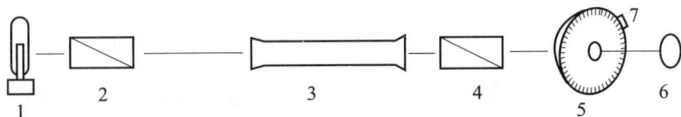

1—钠光源；2—起偏镜；3—样品管；4—检偏镜；5—刻度盘；6—目镜；7—固定游标。

图 2-27　旋光仪的基本构造示意图

从光源出发的自然光通过起偏镜，变为在单一方向振动的偏振光，当此偏振光通过盛有旋光性物质的样品管时，振动方向旋转一定的角度，此时调节附有刻度盘的检偏镜，使最大量的光线通过，检偏镜所旋转的角度和方向显示在刻度盘上，此即实测的旋光度 α。

四、实验步骤

1. 预热

接通电源，打开开关，预热 5 min，使钠光灯发光正常（稳定的黄光）后即可开始工作。

2. 零点的校正

在测定样品前，应按下述步骤校正旋光仪的零点：

① 将样品管洗干净，装入蒸馏水，使液面凸出管口，将玻璃盖沿管口轻轻平推盖好，尽量不要带入气泡，然后垫好橡皮圈，旋上螺帽，使之不漏水，但也不要过紧[2]。盖好后如发现管内仍有气泡，可将样品管带凸颈的一端向上倾斜，将气泡逐入凸颈部位，以免影响测定。

② 将样品管擦干净（若两端有残液，将影响清晰度及测量精确度），放入旋光仪的样品室内（要保持光通路内无气泡），盖好盖子，待测。

③ 将刻度盘调至零点，观察零度视场三个亮度是否一致。若一致，说明仪器零点准确；若不一致，说明零点有偏差。此时应转动刻度盘手轮，使检偏镜旋转一定的角度，直至视场内三个部分亮度一致，如图 2-28 所示。记下刻度盘上的读数（刻度盘上顺时针旋转为"＋"、逆时针旋转为"－"）。重复此操作 5 次，取其平均值，作为零点值。在测定样品时，应从读数中减去此零点值（若偏差太大，应请教师调节仪器）。

不正确　　正确　　不正确

图 2-28　旋光仪三部分视场

3. 样品的测定

每次测定前应先用少量待测液漂洗样品管数次，以使浓度保持不变。然后按上述步骤装入待测液进行测定。转动刻度盘并带动检偏镜，当视场中亮度一致时记下读数。每个样品的测定应重复 5 次，取其平均值。该数值与零点值的差值即为该样品的旋光度。此时应注意记录所用样品管的长度、测定时的温度，并注明所用溶剂（如用水做溶剂则可省略）。测定完毕，将样品管中的液体倒出，洗净、吹干，并在橡皮垫上加滑石粉保存。

用 2 dm 的样品管进行如下测定：

① 取未知浓度的葡萄糖[3]溶液，测其旋光度，计算浓度。

② 取未知糖样品的水溶液（事先配制，50 g/L），测其旋光度，计算比旋光度。根据附注 [3] 中的数据鉴别该未知糖样。

五、附注

[1] 旋光度与温度的关系：在采用波长 $\lambda = 589$ nm 的钠光进行测定时，温度每升高 1 ℃，旋光度约减少 0.3%，所以测定工作最好能在 （20±2.0）℃的条件下进行。

[2] 螺帽拧得太紧，会因玻璃盖产生扭力，致使管内有空隙，而造成读数误差。

[3] 一些糖的比旋光度见表 2-3。

表 2-3　一些糖的比旋光度　　　　　　　　　　(°)

名　称	$[\alpha]_D^{20}$	名　称	$[\alpha]_D^{20}$
D-葡萄糖	+53	麦芽糖	+136
D-果糖	−92	乳糖	+55
D-半乳糖	+84	蔗糖	+66.5
D-甘露糖	+14	纤维二糖	+35

六、思考题

1. 旋光度的测定具有什么实际意义？
2. 若测浓度为 50 g/L 的果糖溶液的旋光度，能否配制后立即测定？为什么？
3. 测旋光度时，光通路上为什么不能有气泡？

附：自动旋光仪简介

目前实际工作中除各种类型的目测式旋光仪外，常用的还有不同类型的半自动或自动旋光仪。这类仪器具有灵敏度高、没有视觉误差及读数方便等优点。例如，上海物理光学仪器厂生产 WZZ—T 型投影式自动指示旋光仪，是基于光学零位原理的自动指示旋光仪。单色光（钠光 D 线）依次通过起偏器、样品室、检偏器到光电倍增管，起偏器和检偏器相互处于光学零位位置。当旋光性物质放入样品室光路中时，伺服系统驱动检偏器，以获得新的光学零位位置。转过的角度用投影的方法在投影屏上自动而清晰地显示出来。该旋光仪的测量范围为 ±45 ℃，精度为 ±0.01°，其突出的优点是能够测量深色样品。

实验九　咖啡因和偶氮苯的紫外光谱

一、实验目的

1. 了解紫外光谱的基本原理与应用。
2. 掌握紫外分光光度计的特点及一般操作程序。
3. 测定咖啡因和偶氮苯的紫外光谱并解析图谱。

二、实验原理

分子的紫外-可见吸收光谱是基于分子内电子跃迁产生的吸收光谱进行分析的一种常用的光谱分析方法。当某种物质受到光的照射时，物质分子就会与光发生碰撞，其结果是光子的能量传递到了分子上。这样，处于稳定状态的基态分子就会跃迁到不稳定的高能态，即激发态，即形成紫外吸收光谱。

紫外可见区的吸收与其电子结构紧密相关。紫外光谱的研究对象大多是具有共轭双键结构的分子。紫外可见吸收光谱法是利用某些物质的分子吸收 $10\sim800$ nm 光谱区的辐射来进行分析测定的方法，广泛用于有机和无机物质的定性和定量测定。该方法具有灵敏度高、准确度好、选择性优操作简便、分析速度好等特点。

三、仪器与试剂

仪器：容量瓶（500 mL），紫外与可见分光光度计，吸收池。

试剂：咖啡因，偶氮苯，甲醇。

四、实验步骤

（1）准确称量 50 mg 咖啡因和偶氮苯样品，置于 500 mL 容量瓶[1]中，分别配成 0.1 g/L 的甲醇溶液。

（2）遵循①～④开机检查操作程序，并选择好测定条件。

① 使用分光光度计之前仔细阅读使用说明书，详细了解各个键盘的功能。

② 开机前先打开主机试样室，取出干燥剂，检查室内是否清洁、有无异物堵塞光路，若不干净或有异物，应清洗擦净，排除异物，然后关闭试样室。

③ 开机：首先接通电源，调节电子交流稳压器的输出电压为 220 V。然后开启主机开关，打印机即行运转。约 9 min 后，打印机自动调节好各种参数，其数据应符合仪器说明书的要求。

④ 选择测定条件：根据实验条件和测定对象，所需各种参数可用打印机自行选择，参数的调节方法参阅说明书的有关部分。

（3）将样品倒入石英（或玻璃）吸收池中，并以同一溶剂的吸收池作参比，同时插在支架上。所用的样品池厚度一般为 1 cm，样品溶液用量大约为 3 mL。在使用样品吸收池时，严禁用手指接触透光表面。若有溶液溅出，可用擦镜纸轻拭。

（4）将支架推入，测定紫外光谱。按开始键，主机按所设定的条件自动进行扫描，扫描完毕后，记录笔又处于待测状态。如果要重复进行，再按开始键。

（5）在测定紫外光谱时，一般控制吸收强度 A 在 $0.5 \sim 0.9$ 之间。若 A 值太大，可用溶剂稀释。若定量稀释，可用 $1 \sim 10$ mL 移液管移取溶液至另一个容量瓶中，用同样的溶剂稀释至刻度。

（6）测量完毕后，倾出样品溶液，样品池用溶剂（同上）淋洗数次，再用乙醇或丙酮淋洗，然后置于样品池盒中储存。同时，关闭试样室。

（7）停机：① 裁下所需的图纸；② 关闭主机开关和稳压器开关，然后切断电源，待主机冷却后，盖上防尘罩。

（8）解析所得谱图，并与咖啡因和偶氮苯的紫外光谱图作对照，若有不同，说明原因。

五、附注

[1] 容量瓶的体积取决于样品的 ε 值。若 ε 值较大，则称取少量样品，选择大的容量瓶；若 ε 值较小，则选用小的容量瓶。定性检测或跟踪反应时，无须准确称量，用适当的溶剂溶解样品。

第三部分　有机化合物的性质实验

实验十　有机化合物的元素定性分析

一、实验目的

通过实验熟练地掌握鉴定一个未知物究竟含有哪些元素，为进一步的官能团定性和元素定量分析省去一些不必要的工作。

二、实验原理

由于有机化合物中的原子大多数是由共价键结合而成的，难溶于水，所以不能直接分析其中的元素，必须先将有机化合物分解，使其变成无机化合物再进行元素定性分析。在有机化合物中，常见的元素除 C、H、O 外，还含有 N、S、X、P 等。本实验除对 C、H 进行元素分析外，其他都采用钠熔法分解有机化合物。

$$C、H、O、S、P、X、N \xrightarrow[\text{熔融}]{Na} NaCN、Na_2S、NaSCN、NaX、Na_3P、\cdots$$

因为化合物中氧元素定性分析至今还没有简便和满意的方法，故本实验不做此项内容。

三、仪器与试剂

仪器：试管，表面皿。

试剂：葡萄糖或蔗糖，黄豆粉，氯胺 T[1]，氧化铜粉末，饱和石灰水或氢氧化钡溶液，无水硫酸铜，金属钠，95％ 乙醇，5％ 醋酸铅水溶液，1％ $FeSO_4$ 溶液，1％ $FeCl_3$ 溶液，10％ H_2SO_4，2 mol/L H_2SO_4，2 mol/L Na_2CO_3，钼酸铵试剂[2]，1∶1 硝酸，新制氯化亚锡甘油溶液[3]，2％硝酸银溶液，pH 试纸。

四、实验步骤

（一）碳、氢的检定

称取已干燥好的葡萄糖或蔗糖 0.2 g、氧化铜粉末 0.5 g[4]，在表面皿上混合好后倒入干燥的试管中，配上装有导气管的软木塞，将试管横夹在铁架台上，使管口比试管底部略低[5]，将导管插入盛有 3～4 mL 饱和的澄清石灰水（或氢氧化钡溶液）的试管中，装置如图 3-1 所示。先用小火加热试管，然后用大火加强热（如有倒吸现象，注意集中火力），不久可见澄清石灰水中出现白色沉淀，同时，在试管上部有冷凝液出现，并能使无水硫酸铜变蓝，请解释上述现象。

（二）硫、氮、磷及卤素的检定

钠熔溶液的制备：取一支干燥的试管并用铁夹固定在铁架台上，用夹子取出贮藏于煤油中的一小颗金属钠，用滤纸吸去煤油，迅速投入试管中[6]，用小火在试管底部慢慢加热，使钠熔化，然后加强热，待钠蒸气上升约 2 cm 时，移去火源，立即加入混合好的黄豆粉和氯胺 T（各为 0.2 g）于试管中，并使其直落底部[7]，重新将试管加至红热，冷却后加入 1 mL 95％酒精搅拌，用以破坏可能未作用完的金属钠。量取 10 mL 蒸馏水，分三次洗涤试管，每次都将洗涤液倒入一小烧杯，煮沸，过滤，所滤液（即钠熔溶液）留着以下定性实验。

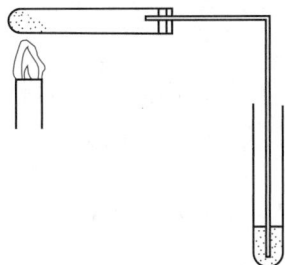

图 3-1　碳、氢的检定示意图

1. 硫的鉴定

取 1 mL 滤液于试管中，加入数滴 5％醋酸使呈酸性，再加入几滴 5％醋酸铅溶液，有黑色沉淀生成，则表明滤液中含有硫。

$$Na_2S + Pb(OAc)_2 \longrightarrow 2NaOAc + PbS \downarrow$$

2. 氮的鉴定

取 1 mL 滤液于试管中，加 5％氢氧化钠溶液几滴，再加 2～3 滴 1％ $FeSO_4$ 溶液，煮沸，待稍冷后加入 10％ H_2SO_4 数滴，使溶液呈酸性，然后加几滴 1％ $FeCl_3$，静置后有普鲁士蓝沉淀于试管底部，表明滤液中含有氮。

$$2NaCN + FeSO_4 \longrightarrow Fe(CN)_2 + Na_2SO_4$$
$$Fe(CN)_2 + 4NaCN \longrightarrow Na_4[Fe(CN)_6]$$
$$3Na_4[Fe(CN)_6] + 4FeCl_3 \longrightarrow Fe_4[Fe(CN)_6]_3 + 12NaCl$$

3. 磷的鉴定

取 1 mL 滤液于试管中，加入数滴 1：1 硝酸并煮沸 1 min，再加入 2 mol/L H_2SO_4 或 Na_2CO_3 调节 pH 到 3。然后加入几滴钼酸铵试剂，再加入氯化亚锡甘油溶液几滴，很快有钼蓝出现，表明滤液中含有磷。

钼蓝的可能结构式为 $H_3PO_4(4MoO_3 \cdot MoO_2)_2$。

4. 卤素的鉴定

取 1 mL 滤液于试管中，加 1：1 HNO_3 使呈酸性，小心煮沸，使其体积浓缩一半，以便除去 H_2S 和 HCN（通风橱中进行），然后加入 2％的 $AgNO_3$ 溶液，则有 AgX 沉淀生成，表明滤液中含有卤素。

$$NaX + AgNO_3 \longrightarrow NaNO_3 + AgX \downarrow$$

五、附注

[1] 氯胺 T 的结构式为：

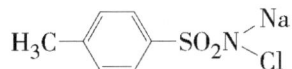

[2] 称取钼酸铵 15 g，溶于 300 mL 温热蒸馏水中，冷却后，缓缓加入浓 HCl 292 mL，加入后摇动均匀，用蒸馏水稀释至 1 L。

〔3〕称干燥氯化亚锡 2.5 g，加浓 HCl 10 mL，加热促进溶解，再加入化学纯甘油 90 mL，摇匀，贮于棕色瓶中。

〔4〕使用前应在坩埚中加强热几分钟，再置于干燥器中冷却。

〔5〕防止反应中生成的水倒流到加热处而使试管炸裂。

〔6〕不能接触手和水，也不能置于空气中太久。

〔7〕反应非常猛烈，操作者头部应稍远离试管口，以避免发生危险。

六、思考题

1. 有机化合物元素定性分析的基本原理是什么？

2. 钠熔法分解试料后，为什么要先用酒精处理？

实验十一　有机化合物官能团性质实验

一、实验目的

通过实验加深对官能团性质的理解，并能熟悉其定性分析方法。

视频 04：有机化合物
官能团性质实验

二、实验原理

有机化合物分子中的官能团是分子中比较活泼、易发生化学反应的地方。有机化合物各种官能团化学反应很多，但应用到有机定性分析中的反应，应具备下列条件：① 反应迅速；② 易于观察反应的变化，如颜色、沉淀、溶解、气体逸出等；③ 灵敏度高；④ 专一性强（指示剂与官能团反应专一）。

三、仪器与试剂

仪器：烧杯（50 mL）1 只，试管 10 支以上，玻璃棒 1 支，试管夹 1 支。

试剂：0.5％ $KMnO_4$，酚酞指示剂，10％甘油，20％氯苯（乙醇），20％ 1-氯丁烷（乙醇），20％氯苄（乙醇），重铬酸钾，浓硫酸（$d=1.84$），3％硫酸铜，正丁醇，仲丁醇，卢卡斯试剂，浓盐酸，松节油（主要成分为 α-蒎烯、β-蒎烯），1％ Br_2（CCl_4），饱和硝酸银的乙醇溶液，10％ NaOH，1％ NaOH，苯酚，1,2,3-苯三酚，α-萘酚，1％ $FeCl_3$，饱和溴水，5％乙醛，5％丙酮，2,4-二硝基苯肼试剂，95％乙醇，5％异丙醇，碘-碘化钾溶液，乙醛，苯甲醛，丙酮，斐林试剂 A，斐林试剂 B，乙酸，三氯乙酸，刚果红试纸，甲基橙试剂，乙酰乙酸乙酯，苯胺，15％盐酸，25％硫酸，N-甲基苯胺，N,N-二甲基苯胺，25％亚硝酸钠，20％盐酸，淀粉碘化钾试纸，β-萘酚，尿素，饱和 $Ba(OH)_2$，红色石蕊试纸，乙酰胺，10％ 1,3-丙二醇。

四、实验步骤

1. 烯烃的性质实验

（1）氧化反应：在一支试管中加入 0.5％ $KMnO_4$ 溶液 1 滴，再加入松节油 5 滴，边加边振摇，边观察。

（2）加成反应：在一支试管中加入 1％溴的四氯化碳溶液 1 滴，然后加入松节油 5 滴，振摇后观察变化。

2. 卤代烃的性质实验

取 3 支试管，分别加入 20％氯苯的乙醇溶液、20％ 1-氯丁烷的乙醇溶液、20％氯苄的乙醇溶液各 5 滴，再分别加入 10 滴饱和硝酸银的乙醇溶液，充分摇匀，观察有无沉淀生成，将无沉淀生成的试管置于水浴中加热 5 min 后，再观察是否有沉淀生成。

3. 醇、酚的性质实验

（1）醇与卢卡斯试剂[1]的反应：取 3 支试管，分别加入 5 滴正丁醇、仲丁醇、叔丁醇，再加入 10 滴卢卡斯试剂，振摇，放入 25～35 ℃水浴中温热，观察现象，并记录出现混浊的时间。

（2）醇的氧化反应：取 3 支试管，分别加入 10 滴正丁醇、仲丁醇、叔丁醇，各加入 5％重铬酸钾溶液 2 滴，振摇，观察现象，然后各加入浓硫酸 2 滴，振摇，观察现象。

（3）多元醇的弱酸性反应：取两支试管，各加入 3 滴 3％硫酸铜和 3 滴 10％ NaOH 溶液，有何现象发生？然后分别逐滴加入 10％ 1,3-丙二醇、10％甘油，振摇，观察现象。

（4）酚的弱酸性：取一支试管，加入 1％ NaOH 溶液和酚酞各 1 滴，溶液呈红色，再逐滴加入饱和苯酚溶液多滴，观察溶液颜色的变化。

（5）酚与三氯化铁的反应[2]：取 3 支试管，依次分别加入 5 滴苯酚、1,2,3-苯三酚、α-萘酚的饱和溶液，再加入新配制的 1％ FeCl$_3$ 溶液 1～2 滴，振摇，观察颜色有何不同。

（6）酚与饱和溴水[3]的反应：取两支试管，分别加入 5 滴苯酚、1,2,3-苯三酚饱和溶液，再加入 2 滴饱和溴水（在通风橱中操作），摇匀，观察现象。

4. 醛、酮的性质实验

（1）与 2,4-二硝基肼反应：取 2 支试管，分别加入 5 滴 5％乙醛、5％丙酮溶液，然后各加入 2 滴 2,4-二硝基苯肼试剂，振摇，观察有无沉淀生成。若无沉淀，静置数分钟后再观察。

（2）碘仿反应：取 4 支试管，依次分别加入 5 滴 5％乙醛、5％丙酮、95％乙醇、5％异丙醇，再各加入碘-碘化钾溶液 8 滴，溶液呈棕红色，接着逐滴加入 10％ NaOH 溶液，边滴边摇动试管，直到反应呈微黄色为止[4]。观察现象，如无黄色沉淀析出，可在 60 ℃水浴中加热 2～3 min，冷却后再观察现象。

（3）与斐林试剂反应：取 3 支试管，各加入 3 滴斐试剂 A 和 3 滴斐林试剂 B，混合均匀，然后在 3 支试管中分别加入乙醛、苯甲醛、丙酮各 10 滴，摇匀后，置于沸水浴中煮沸 3～5 min，随时注意现象[5]，必要时滴加入 1 滴 10％ NaOH 溶液，并比较现象。

（4）与酸性重铬酸钾溶液反应：取 3 支试管，各加入 5％重铬酸钾溶液和浓硫酸各 5 滴，摇匀，再分别加入乙醛、苯甲醛、丙酮各 5 滴，振摇，观察现象。

（5）羟醛缩合反应：在试管中加入 10 滴 5％乙醛，再加入 4 滴 10％ NaOH 溶液并于酒精灯上加热至沸，观察反应现象。

5. 酚、羧酸、取代酸的酸性

（1）取 3 支试管，分别加入 2 滴苯酚、乙酸、三氯乙酸，摇匀，分别用洗净的玻璃蘸取酸液少许，在刚果红试纸上画线，比较颜色及其深浅的差异[6]。

（2）取 3 支试管，分别加入 2 滴苯酚、乙酸、三氯乙酸，摇匀，分别滴加 5 滴饱和碳酸氢钠溶液，观察现象。

6. 互变异构现象[7]

① 取一支试管，加入 4 滴乙酰乙酸乙酯和 15 滴 95％乙醇，混合均匀后滴加 1％ FeCl$_3$ 溶液，观察溶液呈何种颜色，然后迅速加入饱和溴水 4 滴（在通风橱中操作）并振摇，注意溶液有何变化。放置片刻，又有何现象？解释原因。

② 取一支试管，加入 2 滴乙酰乙酸乙酯，再加入 5 滴 2,4-二硝基苯肼试剂，振摇，观察有何现象。

7. 胺和酰胺的性质实验

（1）胺的碱性和成盐反应：取一支试管，加入 2 滴苯胺和 10 滴水，摇匀，注意苯胺是否溶解。再加入 2 滴 15％盐酸，观察溶液是否清亮。另外，再取一支试管，加入 2 滴苯胺和 1 mL 水，再加入数滴 25％硫酸，观察现象[8]。

（2）伯、仲、叔芳胺与亚硝酸反应：取 3 支试管，依次分别加入 5 滴苯胺、N-甲基苯胺、N,N-二甲基苯胺，再各加入 5 滴浓盐酸和 10 滴水，摇匀，同时浸入冰水浴中冷至 0～5 ℃[9]，搅拌下滴加 4 滴 25％亚硝酸钠溶液，观察现象。取出用水浴加热，注意有何变化，为什么？

（3）重氮化和偶氮化：

① 重氮盐的生成：取一支试管，加入 3 滴苯胺和 6 mL 20％盐酸，摇匀，浸入冰水浴中冷至 0～5 ℃，搅拌下滴加 6～8 滴 25％亚硝酸钠至溶液对淀粉碘化钾试纸变蓝为止[10]，即得重氮盐溶液。然后将此溶液分成两份，置于冰水浴中待用。

② 偶氮化反应：在上述两支盛有重氮盐溶液的试管中，分别加入 1 mL β-萘酚溶液、苯酚溶液，摇匀，观察现象。再加入一小块白纱布，浸 2 min，取出，水洗，晾干，观察颜色。

（4）苯胺与溴水反应：取一支试管，加入 1 滴苯胺和 3 mL 水，振摇，再滴加 2 滴饱和溴水，观察溶液有何变化[11]。

（5）尿素的水解：取一支试管，加入约 0.2 g 尿素，再加入 2 mL 饱和氢氧化钡溶液[12]，用小火加热至沸。加热过程中，将润湿的红色石蕊试纸放在试管口上，检验放出的气体。观察沉淀的生成和湿润的石蕊试纸颜色的变化。

（6）二缩脲反应[13]：取一支干燥试管，加入约 0.5 g 尿素，将润湿的红色石蕊试纸放在试管口上，缓缓加热至尿素熔化，并放出气体，观察试纸颜色变化并嗅气体的气味，继续加热至全部溶化后，冷却，加入 3 mL 水，搅拌使之溶解。静置片刻，用另一支试管取此澄清溶液（不要倒出固体）1～2 mL，滴加 10％ NaOH 至溶液呈清亮，再加入 1 滴 1％硫酸铜，观察颜色变化。

（7）霍夫曼反应：取一支试管，加约 0.1 g 乙酰胺，再加入 3 滴饱和溴水（在通风橱中操作）和 2 mL 10％ NaOH 溶液，将润湿的红色石蕊试纸放在试管口上，然后把试管放在酒精灯上小火加热，注意湿润的试纸颜色变化。

五、附注

[1] 卢卡斯试剂只用于鉴定 C_3～C_6 的醇，因为大于 6 个碳的醇不溶于卢卡斯试剂，而 C_1～C_2 醇反应后所得的氯代烷是气体，故都不适用。

[2] 三氯化铁是显色剂，也可作为氧化剂与某些酚起反应。例如，对苯二酚除形成酚铁盐外，一部分对苯二酚被氧化为对苯醌，然后生成对苯醌合对苯二酚（醌氢醌）暗绿色结晶。α-萘酚被氧化为溶解度很小的联萘酚，从溶液中析出白色沉淀，放置后变成紫色。

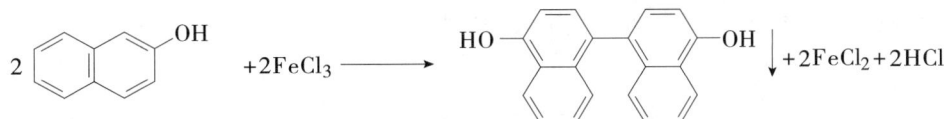

许多酚能与三氯化铁起显色反应，但也有例外，如下面的酚就不显色。

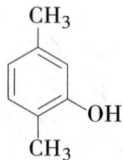

2,5-二甲基苯酚　　　　麝香草酚

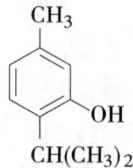

[3] 苯酚与溴水反应，析出白色沉淀。而1,2,3-苯三酚与溴水的反应无沉淀生成，因为1,2,3-苯三酚与溴水反应的产物溶于水。2,4,6-三溴酚白色沉淀被过量的溴水氧化为黄色的2,4,4,6-四溴环乙二烯酮，它不溶于水，易溶于苯中。

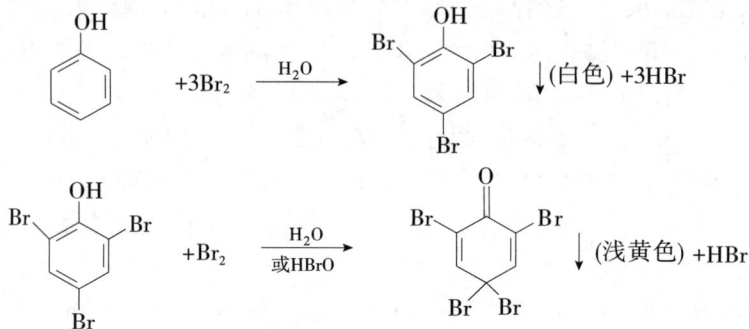

[4] 如碱液过量，加热时生成的碘仿发生水解，沉淀消失。

$$CHI_3 + 4NaOH \longrightarrow HCOONa + 3NaI + 2H_2O$$

[5] 斐林试剂只与脂肪醛反应，不与芳香醛反应。颜色变化的正常情况是：蓝色 → 绿色 → 红色沉淀。黄色物质是氢氧化亚铜，而氧化亚铜则呈红色。

如果是甲醛，则被氧化成甲酸，仍有还原性，使氧化亚铜继续被还原为金属铜，呈暗红色粉末或铜镜析出。

[6] 刚果红变色范围是pH为3～5。在中性和碱性溶液中呈红色，刚果红试纸与弱酸作用呈棕黑色，与中强酸作用呈蓝黑色，与强酸作用呈稳定的蓝色。

[7] 乙酰乙酸乙酯的烯醇式结构在不同的溶液中有不同的含量。例如，用乙醇作溶液时，约含烯醇式12%。

乙酰乙酸乙酯与三氯化铁的显色反应是因为其烯醇式与三氯化铁生成了紫红色络合物。

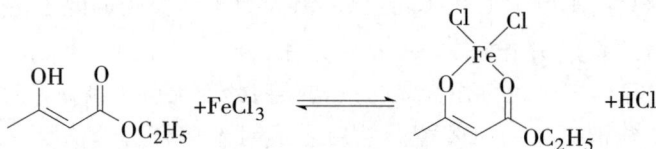

加入溴水后，溴与烯醇式结构中的碳碳双键加成，生成二溴化合物（无色），然后脱去一分子溴化氢，使烯醇式转变为酮式的溴代衍生物。

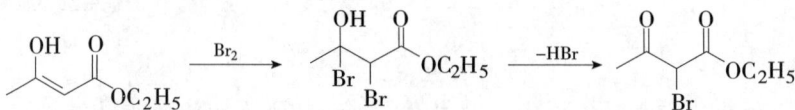

既然烯醇式不再存在，原与三氯化铁所显示的颜色也就消失，但酮式与烯醇式间存在一个互变动态平衡。为了恢复已被破坏的平衡状态，又有一部分酮式转变为烯醇式。当体系中的溴被反应完全后，它立即与原来存在于反应液中的三氯化铁相遇，所以又呈紫红色。这现象说明，在常温下，乙酰乙酸乙酯的酮式与烯醇式是同时存在，相互转变的。

[8] 大多数无机酸与苯胺作用生成盐，易溶于水，但苯胺硫酸盐为白色固体，难溶于水。反应式：

$$2PhNH_2 + H_2SO_4 \longrightarrow (PhNH_3)_2SO_4 \downarrow (白色)$$

[9] 为了防止重氮盐和亚硝酸分解，反应必须在低温下进行；否则，重氮盐分解放出氮气，亚硝酸盐分解放出一氧化氮和二氧化氮。若亚硝酸加入过快，积聚的亚硝酸分解。

[10] 在酸性条件下，过量的亚硝酸钠把碘化钾氧化成碘。

$$2NaNO_2 + 2KI + 4HCl \longrightarrow 2NO \uparrow + I_2 + 2KCl + 2NaCl + 2H_2O$$

[11] 因溴水使部分苯胺氧化，有时溶液呈粉红色。

[12] 因氢氧化钡在水中的溶解度比氢氧化钙的大，更容易形成 $BaCO_3$ 沉淀，故比用石灰水好（事实上，一般很难看见沉淀产生）。

[13] 二缩脲反应的反应式如下：

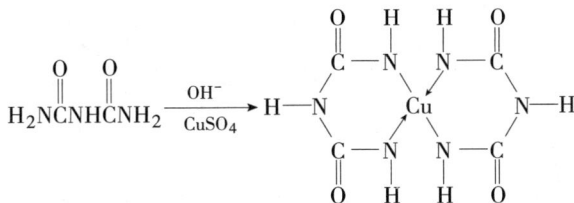

凡是具有两个或两个以上酰胺键（肽键）的分子（如多肽、蛋白质），都具有显色作用，可以用于鉴别。

六、思考题

1. 鉴别卤代烃为什么要用硝酸银的酒精溶液，而不用水溶液？
2. 哪些物质与 $FeCl_3$ 有颜色反应？
3. 有时碘仿反应需要加热，为使碘仿尽快产生，能用沸水浴加热吗？为什么？

实验十二　糖及蛋白质的性质实验

一、实验目的

验证和巩固糖类及蛋白质的主要化学性质；掌握对糖类和蛋白质一般鉴定方法。

二、实验原理

（1）单糖在溶液中是开链式和氧环式共存的平衡体系，能在水溶液中呈现醛式或 α-羟基酮的性质，能与斐林试剂反应。

糖在浓酸作用下脱水产生糠醛及其糠醛衍生物，能与酚类化合物作用发生显色反应。如间苯二酚的浓盐酸溶液可以区别酮糖和醛糖；又如，淀粉遇碘显深蓝色或紫红色，此为鉴别淀粉的一种方法。

某些二糖因分子中无游离半缩醛羟基存在，在水溶液中不能出现醛基或 α-羟基酮，故不能与斐林试剂反应，称为非还原性糖，但经水解成为单糖后，又具有还原性。多糖只有被酸水解成为单糖后，才具有还原性。

（2）蛋白质是由许多 α-氨基酸组成的，这些氨基酸是通过肽键连接起来的多肽链，并以氢键、盐键、酯键、疏水交互作用等副键构成一定的空间构象。由于分子中存在着游离的氨基、羧基，因而具有两性及等电点性质；由于分子中含有多个肽键及其他官能团，因而能发生二缩脲反应和其他颜色反应。

蛋白质在多种物理或化学因素的影响下，因分子中维持构象的副键受到不同程度的破坏，导致理化性质及生理活性的改变而发生变性。此外，蛋白质也会因中性盐的加入破坏水膜，削弱电荷而发生盐析现象。

三、仪器与试剂

仪器：烧杯（50 mL）1 只，玻璃棒 1 根，试管 10 支以上。

试剂：2％蔗糖，浓盐酸，蒽酮的浓硫酸溶液，40％ NaOH，1％碘液，2％葡萄糖，蛋白质溶液，2％果糖，1％甘氨酸，5％氢氧化钠，2％硫酸铜，1％淀粉，1％ α-萘酚，0.1％茚三酮水溶液，浓硫酸，1％硫酸铜，0.1％氢氧化钠，1％醋酸，10％鞣酸，固体硫酸铵，2％麦芽糖，本尼迪特试剂，斐林试剂 A，斐林试剂 B，间苯二酚浓盐酸溶液。

四、实验步骤

（一）糖的性质实验

1. 糖的颜色反应

（1）糖与蒽酮反应。取 4 支试管，分别加入 10 滴 2％蔗糖（或 2％麦芽糖）、葡萄糖、果糖及 1％的淀粉溶液，沿着试管壁再慢慢各加入 5 滴蒽酮的浓硫酸溶液（勿摇动）。试观察试管底层出现的绿色。

（2）Molish 反应。取 4 支试管，分别加入 10 滴 2％蔗糖（或 2％麦芽糖）、葡萄糖、果糖及 1% 的淀粉溶液，再各加入 3 滴 1% 的 α-萘酚溶液，摇匀。将试管倾斜约 45°，然后沿着试管壁慢慢加入浓硫酸约 1 mL（勿摇动），试观察两液层间的界面处出现的紫色环。

（3）Seliwanoff 反应。取 3 支试管，分别加入 5 滴 2% 蔗糖（或 2% 麦芽糖）、果糖、葡萄糖溶液，然后各加入 2 滴间苯二酚浓盐酸溶液，置于水浴上加热，观察变化。

2. 单糖和二糖的还原性（Fehling 反应或 Benedict 反应）

取四支试管，分别加入 10 滴 2% 的葡萄糖、果糖、麦芽糖、蔗糖溶液，再加 3 滴本尼迪特试剂（或斐林试剂 A 和斐林试剂 B），水浴加热，观察现象变化。

3. 蔗糖转化及转化糖的还原性

取一支试管，加入 10 滴 2% 的蔗糖溶液，再加入 2 滴浓盐酸，在水浴中加热 10 min，然后用 40% NaOH 中和至弱碱性，再加入斐林试剂甲、乙各 3 滴，置于水浴中加热，观察结果。

4. 淀粉的碘实验

在试管中加 1% 淀粉溶液 5 滴，再滴入 1% 碘液，搅拌，观察变化。如果再加热溶液，又会产生什么现象？停止加热并置于冷水浴中，又会出现什么现象？（提示：淀粉和碘作用生成深蓝色物质，是由于碘分子进入淀粉螺旋形分子空穴中形成包结化合物。若加热，则螺旋松散，伸展，包结被破坏，冷后又形成）。

（二）蛋白质性质实验

1. 二缩脲反应

取两支试管，分别加入 2 滴蛋白质溶液、1% 甘氨酸溶液，再各加 4~5 滴 5% 氢氧化钠溶液，使之成碱性后分别加入 2 滴 2% 硫酸铜溶液，摇匀，观察两支试管的颜色变化（提示：氨基酸可与硫酸铜生成络合物并呈深蓝色，而硫酸铜本身为淡蓝色）。

2. 与茚三酮反应

取两支试管，分别加入 3 滴蛋白质溶液、1% 甘氨酸溶液，再各加入 1 滴 0.1% 茚三酮水溶液，并置于水浴中加热，观察其现象。

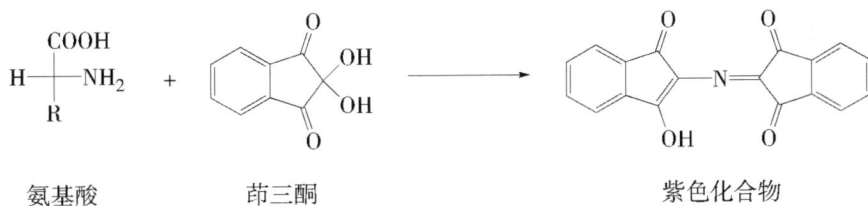

氨基酸　　　　　　茚三酮　　　　　　　　　　　　紫色化合物

3. 氨基酸的两性反应

在一支试管中加入酚酞指示剂 1 滴和 0.1% 氢氧化钠 1 滴，加入 20 滴水稀释，然后加入 1% 甘氨酸 10~12 滴，摇匀，观察颜色变化，并解释现象。

4. 盐析作用

在一支试管（1.5 cm×15 cm）中加入 8 滴蛋白质溶液，边搅拌边加入固体 $(NH_4)_2SO_4$，待加到一定程度时，观察现象，再用大量水稀释，又会产生什么现象？为什么？

5. 蛋白质的变性作用

（1）蛋白质与浓酸作用。在试管中加入 3 滴浓盐酸，将试管倾斜，小心地沿管壁加入 3 滴蛋白质溶液，观察在浓盐酸和蛋白质的接触界面所发生的现象。

（2）蛋白质与重金属盐作用。在一支试管中加入 3 滴蛋白质溶液，加入 1～2 滴 1％硫酸铜溶液，观察现象。

（3）蛋白质与生物碱试剂的作用。取一支试管加入 5 滴蛋白质溶液，加 1 滴 1％醋酸酸化，再加 2 滴 10％鞣酸，轻轻摇动试管，观察现象。

五、思考题

1. 从结构上说明本实验中哪些是还原糖，哪些是非还原糖。

2. 根据实验原理，设计一定量分析农产品中还原糖与非还原糖的方案。

3. 要使一种酸性蛋白质达到等电点，加酸还是加碱？达到等电点时有何现象发生？

4. 在过酸过碱情况下，蛋白质是否产生沉淀？

5. 蛋白质的变性和盐析有何区别？

第四部分　有机化合物的制备

本部分主要介绍一些有机化合物是如何通过合成反应来构建的。合成反应是将指定的物料按照一定的配比和工艺条件进行混合、反应，反应过程中需要关注反应压力、温度、时间、加料方式及顺序等因素对反应的影响，同时，需要注意观察有无气体、沉淀产生等实验现象的变化；合成反应结束后，往往还涉及产物的提纯与检测，产物的分离提纯需要根据产物的物化性质，选择合适的分离提纯手段，把目标产物从反应混合物中分离出来；产品检验是采用检测技术确认是否为目标产物，以及检测产物的纯度、结晶形态等。通过一些典型化合物的制备案例，掌握各种官能团构建的一般规则，建立一定的有机合成思维和素养。

实验十三　环己烯的制备

一、实验目的

1. 学习用浓磷酸催化环己醇脱水制取环己烯的原理和方法。
2. 初步掌握分馏和水浴蒸馏的基本操作技能。

二、实验原理

环己醇通常可用浓磷酸或浓硫酸作催化剂脱水制备环己烯，本实验以浓硫酸为脱水剂来制备环己烯。

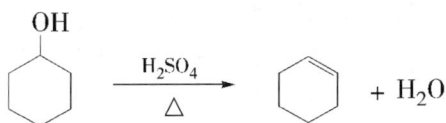

三、仪器与试剂

仪器：圆底烧瓶（50 mL），韦氏分馏柱，直形冷凝管，尾接管，蒸馏头，锥形瓶，温度计，酒精灯，石棉网，铁架台，分液漏斗，具塞离心试管，毛细滴管。

试剂：环己醇，浓磷酸，浓硫酸，固体 NaCl，5% Na_2CO_3 溶液，无水 $CaCl_2$，沸石。

四、实验步骤

在 50 mL 干燥的圆底烧瓶中加入 15 g 环己醇、1 mL 浓硫酸[1]和几粒沸石，充分摇振，使之混合均匀[2]。烧瓶上装一短的分馏柱（图 2-2），接上冷凝管，接收瓶浸在冷水中冷却。将烧瓶在石棉网上用小火缓缓加热至沸，控制分馏柱顶部的馏出温度不超过 90 ℃[3]，馏出液为带水的浑浊液。至无液体蒸出时，可把火加大，当烧瓶中只剩下很少量残液并出现阵阵白雾时，即可停止蒸馏。全部蒸出时间约需 1 h。

馏出液用食盐饱和，然后加 3～4 mL 5%的碳酸钠溶液中和微量的酸。将液体转入分液漏斗中，摇振后静止分层，分出有机相（哪一层？如何取出？），用 1～2 g 无水氯化钙干燥[4]。待溶液清亮透明后，滤入蒸馏瓶中，加入几粒沸石后用水浴蒸馏[5]，收集 80～85 ℃的馏分于一已称量的小锥形瓶。若蒸出产物浑浊，必须重新干燥后再蒸馏。产量为 7～8 g。

纯粹环己烯的沸点为 82.98 ℃，折射率 $n_D^{20} = 1.446\ 5$。

五、附注

[1] 本实验也可用 3 mL 85%的磷酸代替浓硫酸作脱水剂，其余步骤相同。

[2] 环己醇在常温下是黏稠液体（熔点 24 ℃），若用量筒量取，应注意转移中的损失。环己醇与浓硫酸应充分混合，否则在加热过程中会局部碳化。

[3] 最好用简易空气浴，即将烧瓶底部向上移动，稍微离开石棉网进行加热，使蒸馏瓶受热均匀。由于反应中环己烯与水形成共沸物（沸点 97.8 ℃，含水 80%）。因此，在加热时温度不可过高，蒸馏速度不易过快，以减少未作用的环己醇蒸出。

[4] 水层应尽可能分离完全，否则将增加无水氯化钙的用量，使产物更多地被干燥剂吸附而招致损失。这里用无水氯化钙干燥较适宜，因它还可除去少量环己醇（生成醇与氯化钙的配合物）。

[5] 产品是否清亮透明，是衡量产品是否合格的外观标准。因此，在蒸馏已干燥的产物时，所用蒸馏仪器都应充分干燥。

六、思考题

1. 在粗制环己烯时，加入食盐使水层饱和的目的何在？

2. 在蒸馏终止前，出现的阵阵白雾是什么？

3. 写出无水氯化钙吸水后的化学变化方程式，为什么蒸馏前一定要将它过滤掉？

4. 写出下列醇与浓硫酸进行脱水的产物。

① 3-甲基-1-丁醇；② 3-甲基-2-丁醇；③ 3,3-二甲基-2-丁醇。

实验十四　正溴丁烷的制备

视频 05：
正溴丁烷的制备

一、实验目的

1. 学习由醇制备卤代烃的原理和方法。
2. 掌握蒸馏、回流、液体的洗涤和干燥等操作技术。

二、实验原理

主反应：

$$NaBr + H_2SO_4 \longrightarrow HBr + NaHSO_4$$

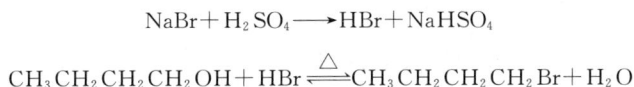

$$CH_3CH_2CH_2CH_2OH + HBr \overset{\triangle}{\rightleftharpoons} CH_3CH_2CH_2CH_2Br + H_2O$$

副反应：

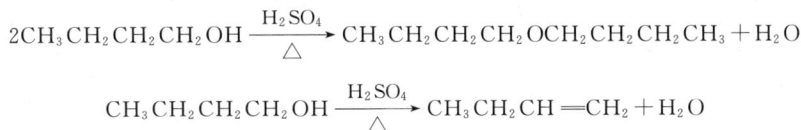

$$2CH_3CH_2CH_2CH_2OH \xrightarrow[\triangle]{H_2SO_4} CH_3CH_2CH_2CH_2OCH_2CH_2CH_2CH_3 + H_2O$$

$$CH_3CH_2CH_2CH_2OH \xrightarrow[\triangle]{H_2SO_4} CH_3CH_2CH =CH_2 + H_2O$$

三、仪器与试剂

仪器：圆底烧瓶（100 mL），回流冷凝管，玻璃弯管，锥形瓶（50 mL），蒸馏头，直形冷凝管，接液管，烧杯，分液漏斗（50 mL），量筒（50 mL、10 mL），温度计，沸石。

试剂：正丁醇，无水溴化钠，浓硫酸，饱和碳酸氢钠溶液，无水氯化钙。

四、实验步骤

在 100 mL 的圆底烧瓶中加入 10 mL 水，并小心地加入 14 mL 浓硫酸，混合均匀后，冷却至室温。依次加入 9.2 mL 正丁醇和 13 g 溴化钠[1]，充分摇匀后，加入几粒沸石，并尽快安装已准备好的回流冷凝管（回流冷凝管的上口接气体吸收装置 [图 1-7（c）]，用 5% 的氢氧化钠溶液作吸收剂）。将烧瓶置于石棉网上，用酒精灯小火加热至沸腾，并不时摇晃反应瓶，调节火焰，使反应物保持沸腾而平稳地回流，回流反应约 30 min。

反应完成后，将反应物冷却至室温。卸下回流冷凝管，在圆底烧瓶中再补加几粒沸石，将装置改为普通蒸馏装置进行蒸馏。观察馏出液，直到无油滴蒸出为止[2]。

将馏出液倒入分液漏斗，加 10 mL 水洗涤，将下层粗产物[3]转入另一干燥的分液漏斗中，再用 3 mL 浓硫酸洗涤[4]，尽量分去下层硫酸层。有机层依次用等体积的水、饱和碳酸氢钠和等体积的水洗涤后，将下层有机层转入干燥的锥形瓶中。再加 1~2 g 干燥的无水氯化钙干燥，间歇摇动锥形瓶，直至液体澄清为止。将干燥好的产物经过滤后再进行蒸馏，收集 99~103 ℃ 馏分。测馏分的折射率，检验产物的纯度。

纯正溴丁烷的沸点为 101.6 ℃，折射率为 $n_D^{20} = 1.439\ 9$。

五、附注

[1] 如用含结晶水的溴化钠（NaBr·2H$_2$O），可按物质的量换算，并相应减少加入的水量。

[2] 用盛清水的试管收集馏出液，观察有无油珠出现。如果有，表示未蒸馏完；如果无，表示馏出物中已无有机物。

[3] 溴化氢的相对密度大于1，故处于下层。若未反应的正丁醇较多，油层可能悬浮或上层较多，如遇此现象，可加清水稀释使油层下沉。

[4] 浓硫酸能溶解存在于粗产物中的少量未反应的正丁醇及副产物正丁醚等杂质。由于正丁醇和正溴丁烷可形成共沸物（98.6 ℃，含正丁醇13%），因此难以除去。

六、思考题

1. 本实验中，硫酸的用量或浓度过高或过低对反应有什么影响？

2. 反应后的粗产物中含有哪些杂质？各步洗涤的目的何在？

3. 用分液漏斗洗涤产物时，正溴丁烷时而在上层，时而在下层，如不知道产物的密度，可用什么方法加以判别？

4. 为什么用饱和碳酸氢钠溶液洗涤前要用水洗一次？

实验十五　2-甲基-2-己醇的制备

一、实验目的

1. 了解 Grignard 试剂的制备方法及其在有机合成中的应用。
2. 掌握制备 Grignard 试剂的基本操作。
3. 巩固回流、萃取、蒸馏等操作技能。

视频06：2-甲基-
2-己醇的制备

二、实验原理

卤代烷烃与金属镁在无水乙醚中反应生成烃基卤化镁 RMgX，称为 Grignard 试剂。Grignard 试剂能与羰基化合物等发生亲核加成反应，产物经水解后可得到醇类化合物。本实验以 1-溴丁烷为原料、乙醚为溶剂制备 Grignard 试剂，而后再与丙酮发生加成、水解反应，制备 2-甲基-2-己醇。反应必须在无水、无氧气、无活泼氢条件下进行，因为水、氧气或活泼氢的存在都会破坏 Grignard 试剂。

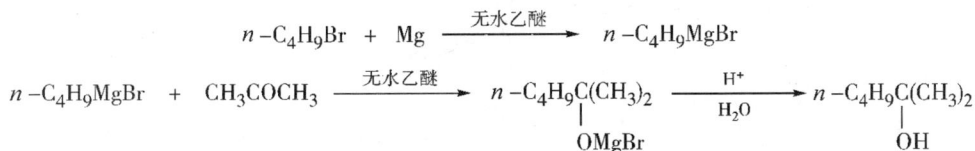

$$n\text{-}C_4H_9Br \ + \ Mg \xrightarrow{\text{无水乙醚}} n\text{-}C_4H_9MgBr$$

$$n\text{-}C_4H_9MgBr \ + \ CH_3COCH_3 \xrightarrow{\text{无水乙醚}} n\text{-}C_4H_9\underset{\underset{OMgBr}{|}}{C}(CH_3)_2 \xrightarrow[H_2O]{H^+} n\text{-}C_4H_9\underset{\underset{OH}{|}}{C}(CH_3)_2$$

三、仪器与试剂

仪器：三颈烧瓶（250 mL），圆底烧瓶（100 mL），球形冷凝管，滴液漏斗，干燥管，磁力搅拌器，分液漏斗（250 mL），玻璃弯管，锥形瓶（250 mL），蒸馏头，直形冷凝管，接液管，烧杯，温度计，沸石。

试剂：镁屑，正溴丁烷，碘，丙酮，无水乙醚，10%硫酸溶液，5%碳酸钠溶液，无水碳酸钾，无水氯化钙。

四、实验步骤

1. 正丁基溴化镁的制备

按图 4-1 所示装配仪器[1]。向 250 mL 三颈烧瓶内投入 3.1 g 镁屑[2]、15 mL 无水乙醚、一小粒碘片及磁力搅拌子；在恒压滴液漏斗中混合 13.5 mL 正溴丁烷和 15 mL 无水乙醚。向瓶内滴入约 5 mL 混合液，数分钟后溶液呈微沸状态，碘的颜色消失。如不发生反应，可用温水浴加热。反应开始时比较剧烈，必要时可用冷水浴冷却。开动搅拌器[3]，并滴入其余的正溴丁烷-无水乙醚混合液，控制滴加速度，以维持反应液呈微沸状态，并从冷凝管上端加入 20 mL 无水乙醚。混合液滴加完毕后，在热水浴上回流 20 min，使镁屑几乎作用完全。

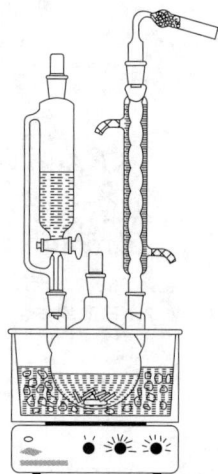

图 4-1　正丁基溴化镁的制备装置

2. 2-甲基-2-己醇的制备

将制好的 Grignard 试剂在冰水浴冷却和搅拌下，自恒压滴液漏斗中滴入 10 mL 丙酮和 15 mL 无水乙醚的混合液，控制滴加速度，勿使反应过于猛烈。加完后，在室温下继续搅拌 15 min（溶液中可能有白色黏稠状固体析出）。

将反应瓶在冰水浴冷却和搅拌下，自恒压滴液漏斗中分批加入 100 mL 10%硫酸溶液，分解上述加成产物（开始滴入宜慢，以后可逐渐加快）。待分解完全后，将溶液倒入分液漏斗中，分出醚层。水层每次用 25 mL 乙醚萃取两次，合并醚层，用 30 mL 5%碳酸钠溶液洗涤一次，分液后，用无水碳酸钾干燥。

将干燥后的粗产物醚溶液分批倒入干燥的烧瓶中，用温水浴蒸去乙醚[4]，如图 4-2 所示。待乙醚蒸完后，再在石棉网上用酒精灯加热蒸出产品，收集 137~141 ℃馏分。

纯正 2-甲基-2-己醇的沸点为 143.0 ℃。

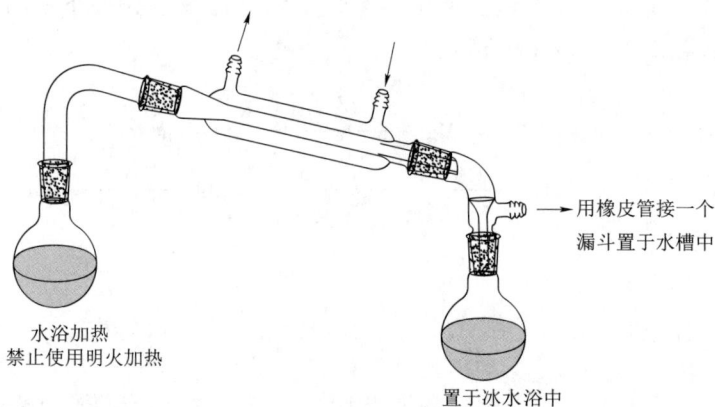

水浴加热
禁止使用明火加热

→用橡皮管接一个漏斗置于水槽中

置于冰水浴中

图 4-2　乙醚的回收装置

五、附注

[1] 本实验所用仪器、药品必须充分干燥。1-溴丁烷用无水 $CaCl_2$ 干燥并蒸馏纯化，丙酮用无水 K_2CO_3 干燥并蒸馏纯化。仪器与空气连接处必须装 $CaCl_2$ 干燥管。

[2] 镁屑不宜长期放存。长期放存的镁屑，需用 5%的盐酸溶液浸泡数分钟，抽滤后，依次用水、乙醇、乙醚洗涤。

[3] 也可用磁力搅拌器代替电动搅拌器。

[4] 使用和蒸馏低沸点物质乙醚时，要远离火源，防止外泄，注意安全。

六、思考题

1. 实验中，将 Grignard 试剂与加成物反应水解前的各步中，为什么使用的药品、仪器均需绝对干燥？应采取什么措施？

2. 反应若不能立即开始，应采取什么措施？

3. 实验中有哪些可能的副反应？应如何避免？

4. 由 Grignard 试剂与羰基化合物反应制备 2-甲基-2-己醇，还可采用何种原料？写出反应式。

实验十六　1-苯乙醇的制备

一、实验目的

1. 学习硼氢化反应制备醇的原理和方法。
2. 掌握减压蒸馏等基本操作。

二、实验原理

金属氢化物 $NaBH_4$、$LiAlH_4$ 等是将醛、酮还原为醇的重要还原剂。硼氢化钠与氢化铝锂相比，硼氢化钠的还原性比较温和，价格低廉，对水、醇相对稳定，后处理简单，废弃物少，从而在合成上被大量应用。还原醛、酮的反应为放热反应，在还原的过程中需要慢慢加入还原剂。其反应方程式如下：

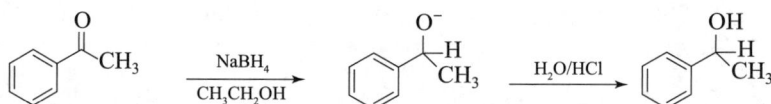

三、主要实验仪器及试剂

仪器：100 mL 三颈烧瓶，球形冷凝管，125 mL 分液漏斗，减压蒸馏装置一套，直形冷凝管，蒸馏头，真空尾接管，温度计。

试剂：95％乙醇，硼氢化钠，乙醚，苯乙酮，无水硫酸镁，环己烷。

四、实验步骤

（1）在 100 mL 的三颈烧瓶中加入 15 mL 95％乙醇和 1.0 g 硼氢化钠，在三颈烧瓶的一口插入温度计，一口连接球形冷凝管，另一口连接恒压漏斗，在电磁搅拌下将 8 mL 苯乙酮慢慢滴加到上述三颈烧瓶中，整个过程温度需要控制在 50 ℃以下。

（2）苯乙酮[1]滴加完毕后，室温下继续搅拌放置 15 min。

（3）在搅拌下慢慢将 6 mL 3 mol/L 盐酸溶液[2]加入烧瓶中进行猝灭反应。

（4）加完后，使用水浴蒸出烧瓶中的大部分乙醇，冷却后每次使用 10 mL 的乙醚萃取两次，合并萃取液，用无水硫酸镁干燥有机相。

（5）在被干燥的有机相中加入 0.6 g 无水碳酸钾，在水浴上进行简单蒸馏除去乙醚[3]，然后进行减压蒸馏[4]，收集 102～103.5 ℃（19 mmHg）的馏分，产量 4～5 g。

五、附注

[1] 滴加苯乙酮时，搅拌速度要均匀，控制一定的滴加速度，同时保证反应温度在48～50 ℃之间。

[2] 滴加盐酸是在低温下进行的，要慢慢加入。滴加过程中会放出气体（氢气），严禁明火。

〔3〕低沸物乙醚蒸馏时，选择水浴加热，不能有明火，且接收部分要用冰水冷却。

〔4〕减压蒸馏装置中，仪器一定要干燥，要求控制较高的真空度，不能太低。记录一定压力下收集馏分对应的温度范围。

六、思考题

1. 滴加苯乙酮时，为什么要控制体系温度在 50 ℃以下？

2. 实验中加入碳酸钾的作用是什么？

3. 本实验除了使用金属氢化物 $NaBH_4$、$LiAlH_4$ 外，还能使用哪些催化剂？

实验十七　三苯甲醇的制备

一、实验目的

1. 了解 Grignard 试剂的制备、应用和进行 Grignard 反应的条件。
2. 掌握搅拌、回流、萃取、低沸物（易燃易爆物）蒸馏和水蒸气蒸馏等基本操作。

二、实验原理

反应式：

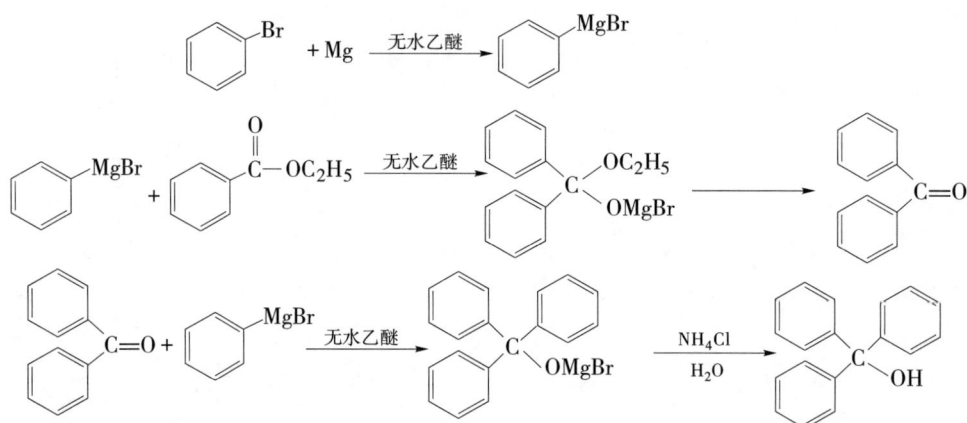

三、仪器与试剂

仪器：三颈烧瓶（250 mL），搅拌器，球形冷凝管，直形冷凝管，滴液漏斗，干燥管，圆底烧瓶，尾接管，蒸馏头，锥形瓶，温度计，T形管，导气管，直角弯管，安全玻璃管。

试剂：镁屑，溴苯（新蒸），苯甲酸乙酯，无水乙醚，氯化铵，乙醇，二苯酮。

四、实验步骤

实验方法一：苯基溴化镁与苯甲酸乙酯的反应

1. 苯基溴化镁的制备

在 250 mL 三颈烧瓶[1]上分别装置搅拌器[2]、球形冷凝管及滴液漏斗，在冷凝管的上口装置氯化钙干燥管。瓶内放置 1.5 g 镁屑[3]及一小粒碘片[4]，在滴液漏斗中混合 10 g 溴苯及 25 mL 无水乙醚。先将 1/3 的混合液滴入烧瓶中，数分钟后即见镁屑表面有气泡产生，溶液轻微浑浊，碘的颜色开始消失。若不发生反应，可用水浴或手掌温热。反应开始后开始搅拌，缓缓滴入其余的溴苯醚溶液，滴加速度保持溶液呈微沸状态。加完后，在水浴中继续回流 0.5 h，使镁屑作用完全。

2. 三苯甲醇的制备

将已制备好的苯基溴化镁试剂置于冷水浴中，在搅拌下由滴液漏斗滴加 3.8 mL 苯甲酸乙酯和 10 mL 无水乙醚的混合液，控制滴加速度，保持反应平稳进行。滴加完毕后，将反应混合物在水浴中回流 0.5 h，使反应进行完全，这时可以观察到反应物明显地分为两层。将反应物改为冰水浴冷却，在搅拌下由滴液漏斗慢慢滴加由 7.5 g 氯化铵配成的饱和水溶液（约需 28 mL 水），分解加成产物[5]。将反应装置改为蒸馏装置，在水浴上蒸去乙醚，再将残余物进行水蒸气蒸馏（图 2-3），以除去未反应的溴苯及联苯等副产物。瓶中剩余物冷却后凝为固体，抽滤收集。粗产品用 80% 的乙醇进行重结晶，干燥后产量为 4.5～5 g，熔点为 161～162 ℃[6]。纯净的三苯甲醇为无色棱状晶体，熔点为 162.5 ℃。

3. 三苯甲基碳正离子

在一个洁净的干燥试管中，加入少许三苯甲醇（约 0.02 g）及 2 mL 冰醋酸，温热使其溶解，向试管中滴加 2～3 滴浓硫酸，立即生产橙红色溶液，然后加入 2 mL 水，颜色消失，并有白色沉淀生成。解释观察到的现象并写出颜色发生变化的方程式。

实验方法二：二苯酮与苯基溴化镁的反应

仪器、装置及操作步骤同实验方法一。

用 0.75 g 镁屑和 3.2 mL 的溴苯（溶于 15 mL 的无水乙醚）制成 Grignard 试剂后，在搅拌下滴加 5.5 g 二苯酮溶于 15 mL 无水乙醚的溶液，加完后加热回流 0.5 h。然后用 6 g 氯化铵配成饱和溶液（约需 22 mL 水），分解加成产物，蒸去乙醚后进行水蒸气蒸馏，冷却，抽滤固体，经乙醇-水重结晶，得到纯净的三苯甲醇结晶，产量 4～4.5 g，熔点161～162 ℃。

五、附注

[1] 本实验所用仪器及试剂必须充分干燥。正溴丁烷用无水氯化钙干燥并蒸馏纯化；丙酮用无水碳酸钾干燥，亦经蒸馏纯化。

对于所用仪器，在烘箱中烘干后，取出稍冷即放入干燥器中冷却；或将仪器取出后，在开口处用塞子塞紧，以防止在冷却过程中玻璃壁吸附空气中的水分。

[2] 本实验的搅拌棒可采用密封装置。若采用简易密封装置，应用石蜡油润滑之。装置搅拌器时，应注意：

① 搅拌棒应保持垂直，其末端不要触及瓶底。

② 装好后，应先用手旋动搅拌棒，实验装置无阻滞后，方可开动搅拌器。

本实验也可用手摇振或电磁搅拌代替电动搅拌。

[3] 镁屑不宜采用长期放置的。如长期放置，镁屑表面常有一层氧化膜，可采用下列方法除去：用 5% 盐酸溶液作用数分钟，抽滤除去酸液后，依次用水、乙醇、乙醚洗涤，抽干后置于干燥器内备用。也可用镁带代替镁屑，使用前用细砂纸将其表面擦亮，剪成小段。

[4] Grignard 反应的仪器使用前应尽可能进行干燥。有时作为补救和进一步措施清除仪器所形成的水化膜，可将已加入镁屑和碘粒的三颈烧瓶在石棉网上用小火小心加热几分钟，使之彻底干燥。烧瓶冷却时，可通过氯化钙干燥管吸入干燥的空气。在加入溴苯醚溶液前，需将烧瓶冷却至室温，熄灭周围所有的火源。

[5] 如反应中絮状的氢氧化镁未全溶，可加入几毫升稀盐酸促使其全部溶解。

[6] 本实验可用薄层色谱鉴定反应的产物和副产物。用滴管吸取少许水解后的醚溶液于一个干燥的锥形瓶中，在硅胶 G 层析板上点样，用 1∶1 的苯-石油醚作展开剂，在紫外灯

下观察，用铅笔在荧光点的位置做出记号。从上到下四个点分别代表联苯、苯甲酸乙酯、二苯酮和三苯甲醇，计算它们的 R_f 值。可能的话，用标准样品进行比较。

六、思考题

1. 本实验在将 Grignard 试剂加成物水解前的各步中，为什么使用的药品、仪器均须绝对干燥？你采取了什么措施？本实验中，如果溴苯加入太快或一次性加入，会有什么问题？

2. 如果苯甲酸乙酯和乙醚中含有乙醇，对反应有何影响？

3. 写出苯基溴化镁试剂同下列化合物作用的反应式（包括用稀酸水解反应混合物）：

① 二氧化碳；② 乙醇；③ 氧；④ 对甲基苯甲腈；⑤ 甲酸乙酯；⑥ 苯甲醛。

4. 用混合溶剂进行重结晶时，何时加入活性炭脱色？能否加入大量的不良溶剂，使产物全部析出？抽滤后的结晶应该用什么溶剂洗涤？

实验十八　苯甲醇和苯甲酸的制备

一、实验目的

1. 了解歧化反应（Cannizzaro 反应）的原理，掌握苯甲醇和苯甲酸的制备方法。
2. 熟悉分液漏斗的使用，掌握萃取、洗涤、干燥等实验操作技术。
3. 巩固重结晶法和蒸馏等基本实验操作。

二、实验原理

无活泼 α-H 的醛（如甲醛、苯甲醛等）在浓碱作用下，发生自身氧化还原反应，一分子醛氧化成羧酸，另一分子醛还原成醇。该反应称为歧化反应，也叫 Cannizzaro 反应。

Cannizzaro 反应的实质是羰基的亲核加成，其机理如下：

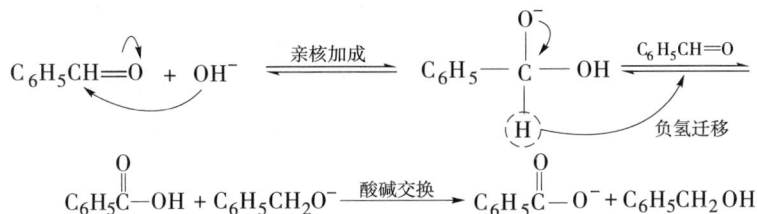

$$C_6H_5CH{=}O + OH^- \xrightleftharpoons[\text{亲核加成}] \overset{\overset{O^-}{|}}{\underset{\underset{(H)}{|}}{C_6H_5-C-OH}} \xrightleftharpoons[\text{负氢迁移}]{C_6H_5CH=O}$$

$$\overset{O}{\overset{\|}{C_6H_5C}}{-}OH + C_6H_5CH_2O^- \xrightarrow{\text{酸碱交换}} \overset{O}{\overset{\|}{C_6H_5C}}{-}O^- + C_6H_5CH_2OH$$

在 Cannizzaro 反应中，通常使用 50% 的浓碱，其中碱的物质的量要比醛的物质的量多一倍以上，否则反应不完全。未反应的醛与生成的醇混合在一起，通过一般的蒸馏很难分离。

本实验以苯甲醛为原料制备苯甲醇和苯甲酸，反应式如下：

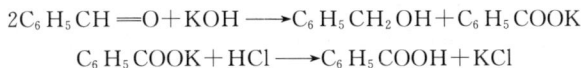

$$2C_6H_5CH{=}O + KOH \longrightarrow C_6H_5CH_2OH + C_6H_5COOK$$
$$C_6H_5COOK + HCl \longrightarrow C_6H_5COOH + KCl$$

三、仪器与试剂

仪器：锥形瓶（125 mL），分液漏斗（150 mL），蒸馏瓶（100 mL），蒸馏头，温度计（300 ℃），直形冷凝管，球形冷凝管，空气冷凝管，接液管，烧杯，台秤，布氏漏斗，抽滤瓶，水泵，安全瓶，玻璃棒，滤纸，刚果红试纸。

试剂：苯甲醛（新蒸馏），氢氧化钾（固体），乙醚，10% 碳酸钠溶液，浓盐酸，饱和亚硫酸氢钠，无水硫酸镁。

四、实验步骤

方法 1：在 100 mL 圆底烧瓶中加入 8 g 氢氧化钠和 8 mL 水，冷却至室温后，加入 10 g（9 mL）新蒸过的苯甲醛。加热回流 40 min，当反应物呈透明状、油层消失时，停止加热，并冷却反应物。

方法 2：在 125 mL 锥形瓶中加入 18 g 氢氧化钾和 18 mL 水配成碱溶液，冷却至室温。再加入 20 mL（21 g，0.2 mol）新蒸馏过的苯甲醛[1]，塞紧瓶塞，用力振摇，使反应物充分混合[2]，直到反应液变成白色糊状物，放置 24 h 以上。

向上述方法所得的反应液中逐渐加入约 60 mL 水，不断搅拌，使苯甲酸盐全部溶解。将溶解后的混合液转入分液漏斗，每次用 20 mL 的乙醚（或 50 mL 的乙酸乙酯）萃取，萃取 3 次，合并萃取液。依次用 20 mL 饱和亚硫酸氢钠溶液、20 mL 10％碳酸钠溶液及 20 mL 水洗涤混合液[3]。将洗涤后的上层液体转入干燥的锥形瓶中，用无水硫酸镁干燥。

将干燥好的乙醚（或乙酸乙酯）萃取液转入 100 mL 的蒸馏瓶中，用水浴加热，蒸馏除去乙醚（或乙酸乙酯）。蒸完后，改装成空气冷凝的蒸馏装置，并添加沸石，再蒸出苯甲醇，收集 204～206 ℃的馏分。产品称重，检验纯度。

苯甲醇的沸点为 205.35 ℃，折射率 $n_D^{20}=1.539\,6$。

经乙醚萃取后分离出来的水溶液，用浓盐酸酸化至刚果红试纸变蓝。充分冷却后，使苯甲酸析出完全，抽滤得苯甲酸粗产品。粗产品用水洗涤，得苯甲酸，称重，检验纯度。

苯甲酸的熔点为 122.4 ℃。

五、附注

[1] 苯甲醛易被空气中的氧气氧化，使用前应重新蒸馏，收集 179 ℃的馏分。

[2] 充分振摇是反应成功的关键，如混合充分，放置 24 h 后，混合物在瓶内固化，苯甲醛气味消失。

[3] 反应瓶中加入水后，不断搅拌，以保证苯甲酸盐充分溶解在水中，减少被苯甲醇分子包裹，有利于下一步的乙醚（或乙醚乙酯）萃取。

六、思考题

1. 本实验中，两种产物是根据什么原理分离提纯的？结合其结构特点，分析事物内因与外因的辩证关系，大学期间如何正确把握"自己"的内因与外因？

2. 用饱和亚硫酸氢钠、10％的碳酸钠洗涤萃取液，各洗去什么物质？

3. 乙醚萃取后的水溶液用浓盐酸酸化至中性是否恰当？为什么？如果不用试纸检验，怎样知道酸化完全？

4. 减压过滤时，应注意哪些问题？

5. 写出下列化合物在浓碱条件下发生 Cannizzaro 反应的产物：

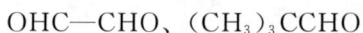

OHC—CHO、$(CH_3)_3CCHO$

实验十九 呋喃甲醇与呋喃甲酸的制备

一、实验目的

1. 掌握糠醛歧化的基本原理。
2. 掌握萃取、分液、干燥等实验技术。
3. 掌握混合物的分离、纯化方法。

二、实验原理

反应式：

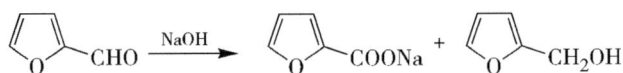

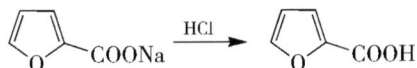

三、试剂与仪器

仪器：烧杯（250 mL），分液漏斗（150 mL），圆底烧瓶（150 mL），蒸馏头，温度计（300 ℃），直形冷凝管，空气冷凝管，接液管，台秤，布氏漏斗，抽滤瓶，水泵，安全瓶，玻璃棒，滤纸，刚果红试纸。

试剂：呋喃甲醛（新蒸），氢氧化钠固体，乙醚，浓盐酸，无水碳酸钾。

四、实验步骤

在 250 mL 烧杯中加入 16.4 mL（19 g，0.2 mol）新蒸过的呋喃甲醛[1]，将烧杯置于冰水中冷却。另取一个烧杯，将 8 g（0.2 mol）氢氧化钠溶于 12 mL 水中配成碱溶液，冷却。在不断搅拌下，用滴管将氢氧化钠溶液滴加到呋喃甲醛中，滴加过程中保持反应混合物温度在 8～12 ℃[2] 之间。加完后，保持此温度继续搅拌 1 h[3]，反应完成后，得到米黄色浆状物。

在不断搅拌下，向反应混合物中加入适量水[4]，使其恰好完全溶解，得暗红色溶液。将溶液转入分液漏斗中，每次用 15 mL 乙醚萃取，萃取 4 次，合并乙醚萃取液。用无水硫酸镁干燥后，用水浴加热蒸去乙醚，然后在石棉网上加热蒸馏呋喃甲醇，收集 169～172 ℃ 馏分，产品称重（6～7 g），测折射率。

呋喃甲醇为无色透明液体，沸点 171 ℃，折射率 $n_D^{20}=1.486\ 8$。

在搅拌下，将乙醚萃取后的水溶液中慢慢加入浓盐酸，至刚果红试纸变蓝[5]（约 5 mL），冷却，结晶，抽滤，产物用少量冷水洗涤，抽干后收集粗产物，然后用水重结晶[6]，得白色针状呋喃甲酸，称重（约 8 g），检验纯度。

呋喃甲酸的熔点为 133～134 ℃。

五、附注

[1] 呋喃甲醛存放过久会变成棕褐色甚至黑色，同时往往含有水分，因此，使用前需蒸馏。

[2] 若反应温度高于 12 ℃，则反应物极易升温而难以控制，使反应物变成深红色；若低于 8 ℃，反应过慢，可能积累一些氢氧化钠，一旦反应发生，易使温度迅速上升，增加副产物。

[3] 加完氢氧化钠溶液后，若反应液变成黏稠物而无法搅拌，则不需要继续搅拌即可往下进行。

[4] 加水过多会损失一部分产品。

[5] 酸要加够，以保证 pH＝3 左右，使呋喃甲酸充分游离出来，此步是影响呋喃甲酸收率的关键。

[6] 重结晶呋喃甲酸粗产物时，不要长时间加热回流。如果长时间加热回流，部分呋喃甲酸会被分解，出现焦油状物。

六、思考题

1. 乙醚萃取后的水溶液用盐酸酸化，为什么要用刚果红试纸？如果不用刚果红试纸，怎样知道酸化是否恰当？

2. 本实验根据什么原理来分离呋喃甲酸和呋喃甲醇？

实验二十　乙醚的制备

一、实验目的

1. 掌握实验室制备乙醚的原理和方法。
2. 初步掌握低沸点易燃液体蒸馏的操作要点。

二、实验原理

主反应：

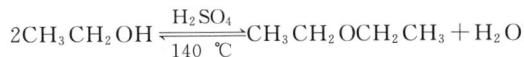

$$2CH_3CH_2OH \underset{140\ ℃}{\overset{H_2SO_4}{\rightleftharpoons}} CH_3CH_2OCH_2CH_3 + H_2O$$

副反应：

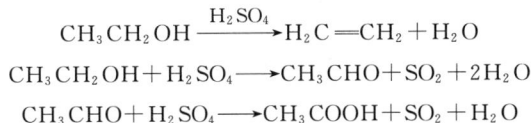

$$CH_3CH_2OH \xrightarrow{H_2SO_4} H_2C =\!\!= CH_2 + H_2O$$
$$CH_3CH_2OH + H_2SO_4 \longrightarrow CH_3CHO + SO_2 + 2H_2O$$
$$CH_3CHO + H_2SO_4 \longrightarrow CH_3COOH + SO_2 + H_2O$$

三、仪器与试剂

仪器：三颈烧瓶（100 mL），滴液漏斗，分液漏斗，直形冷凝管，尾接管，蒸馏头，锥形瓶，温度计。

试剂：95％乙醇，浓硫酸，5％氢氧化钠溶液，饱和氯化钙溶液，饱和食盐水，无水氯化钙。

四、实验步骤

在 100 mL 三颈烧瓶中，加入 13 mL 95％乙醇，烧瓶浸入冰水浴中，缓缓加入 12.5 mL 浓硫酸，使混合均匀，并加入几粒沸石。按图 4-3 装好仪器，滴液漏斗的末端[1]及温度计水银球应浸入液面以下，距瓶底 0.5～1 cm 处，接收瓶应浸入冰水中冷却，接引管支管接橡皮管通入水槽。

在滴液漏斗中放置 25 mL 乙醇，将烧瓶在石棉网上加热，使反应液温度较快地上升到 140 ℃，开始由滴液漏斗慢慢加入乙醇，控制滴加速度和馏出液速度大致相等[2]（约每秒 1 滴），并维持反应温度在 135～145 ℃之间，30～40 min 滴加完毕。加完后继续加热约 10 min，直至温度上升到 160 ℃时，关闭火源，停止反应。

将馏出液转入分液漏斗，依次用 8 mL 5％氢氧化钠溶液和 8 mL 饱和氯化钠溶液洗涤，最后每次用 8 mL 饱和氯化钙溶液洗涤两次[3]。分出醚层，用 1～2 g 无水氯化钙干燥，待瓶内乙醚澄清时，滤入干燥的 25 mL 圆底烧瓶中，加入沸石后搭建易燃溶剂蒸馏装置，用预热好的水浴[4]（约 60 ℃）加热蒸馏，收集 33～38 ℃馏分[5]，产量为 8～10 g。

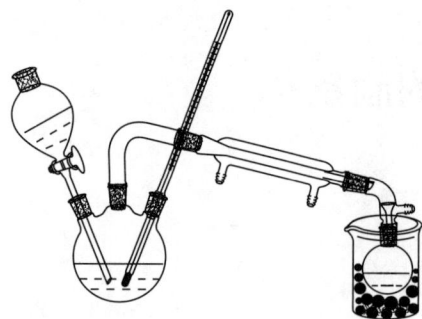

图 4-3　乙醚的制备装置

纯乙醚的沸点为 34.5 ℃，折射率 $n_D^{20} = 1.352\ 6$。

五、附注

[1] 为了方便，三颈烧瓶中间口也可插入玻璃管通入液面下，玻璃管的末端直径制成 2～3 mm，并呈钩状，玻璃管上端用一段橡皮管与滴液漏斗相连，漏斗末端应与玻璃管接触。

[2] 滴入乙醇的速度宜与乙醚馏出速度相等，若滴加过快，不仅乙醇来不及作用就被蒸出，而且使反应液的温度骤降，减少醚的生成。

[3] 用氢氧化钠溶液洗涤后，常常会使醚溶液碱性太强，接下来用氯化钙溶液洗涤时，将会有氢氧化钙沉淀析出。为了洗除残留的碱并减小醚在水中的溶解度，在用氯化钙洗涤前，先用饱和氯化钠溶液洗涤。另外，由于氯化钙能与乙醇作用生成复合物（$CaCl_2 \cdot 4C_2H_5OH$），还可以除去醚溶液中部分未作用的乙醇。

[4] 蒸馏或使用乙醚时，实验台附近严禁火种。当反应完成后，转移乙醚及精制乙醚时，必须熄灭附近火源，热水浴应在其他处预热。

[5] 乙醚与水形成共沸物（沸点 34.15 ℃，含水 1.26%），馏分中还含有少量乙醇，故沸程较长。

六、思考题

1. 制备乙醚时，为什么滴液漏斗的末端应浸入反应液中？

2. 反应温度过高、过低或乙醇滴入速度过快，有什么问题？

3. 反应中可能产生的副产物是什么？各步洗涤的目的是什么？

4. 蒸馏和使用乙醚时，应注意哪些事项？为什么？

实验二十一 正丁醚的制备

一、实验目的

1. 掌握由正丁醇制备正丁醚的实验方法。
2. 学习使用分水器。
3. 熟悉回流、蒸馏和萃取的基本操作。

二、实验原理

仿照制备乙醚的方法，在利用其他伯醇制备醚时，往往有大量未反应的醇被蒸馏出来，造成产率不高。为了提高产率，通常利用恒沸法将生成的水带出，未反应的原料返回到体系中继续反应，所以要使用分水器。本实验利用正丁醇制备正丁醚，反应方程式如下：

$$2CH_3CH_2CH_2CH_2OH \xrightarrow[\triangle]{H_2SO_4} CH_3CH_2CH_2CH_2OCH_2CH_2CH_2CH_3 + H_2O$$

三、仪器与试剂

仪器：三颈烧瓶（100 mL），球形冷凝管，分水器，电热套，分液漏斗，蒸馏头，直形冷凝管，接液管，锥形瓶，温度计。

试剂：正丁醇，浓硫酸，氢氧化钠（固体），无水氯化钙。

四、实验步骤

在 100 mL 三颈烧瓶中加入 31 mL 正丁醇、4.5 mL 浓硫酸和几粒沸石，摇匀后装好仪器（图 1-8）。三颈烧瓶一侧口装上温度计，温度计水银球应浸入液面以下；中间口装分水器，分水器上接一个回流冷凝管，先在分水器内放置 $(V-3.5)$ mL 的水[1]；另一口用塞子塞紧。然后将烧瓶在石棉网上用小火加热，保持反应物微沸，回流分水。随着反应进行，回流液经冷凝管收集于分水器内，分液后水沉于下层，上层有机相积至分水器支管时，即可返回烧瓶。当烧瓶内反应物温度上升至 135 ℃[2] 左右，分水器全部被水充满时，即可停止反应，大约需要 1.5 h。若继续加热，则反应液变黑并有较多的副产物生成。

待反应液冷至室温后，倒入盛有 50 mL 水的分液漏斗中，充分摇振，静置分层后弃去下层液体，上层粗产物依次用 25 mL 水、15 mL 5% 的氢氧化钠溶液[3]、15 mL 水和 15 mL 饱和氯化钙溶液洗涤[4]，然后用 1～2 g 无水氯化钙干燥。干燥后的产物滤入 25 mL 蒸馏瓶中，蒸馏收集 140～144 ℃馏分，产量 7～8 g。

纯正丁醚的沸点为 142.4 ℃，折射率 $n_D^{20} = 1.392\ 2$。

五、附注

[1] V 为分水器的体积，本实验根据理论计算失水体积为 3 mL，实际分出水的体积略

大于计算量，故分水器放满水后，先分掉约 3.5 mL 的水。

　　[2] 制备正丁醚的较适宜温度是 130～140 ℃，但这一温度在开始回流时是很难达到的。因为正丁醚可与水形成共沸物（沸点为 94.1 ℃，含水 33.4%）；另外，正丁醚与水及正丁醇形成三元共沸物（沸点为 90.6 ℃，含水 29.9%、正丁醇 34.6%），正丁醇与水也可形成共沸物（沸点为 93.0 ℃，含水 44.5%）。故应控制温度在 90～100 ℃较合适，而实际操作是在 100～115 ℃。

　　[3] 在碱洗过程中，不要太剧烈地摇动分液漏斗，否则，生成的乳浊液很难破坏而影响分离。

　　[4] 上层粗产物的洗涤也可采用以下方法进行：每次用冷的 25 mL 50%硫酸先洗两次，再每次用 25 mL 水洗两次。因 50%硫酸可洗去粗产物中的正丁醇，但正丁醚也能微溶，所以产率略有降低。

六、思考题

　　1. 制备正丁醚和乙醚的实验操作有什么不同？为什么？

　　2. 试根据本实验中正丁醚的用量计算应生成的水的体积。

　　3. 反应结束后，为什么要将混合物倒入 50 mL 水中？各步洗涤的目的是什么？

　　4. 能否用本实验的方法由乙醇和 2-丁醇制备乙基仲丁基醚？你认为用什么方法比较合适？

实验二十二 苯乙酮的制备

一、实验目的

1. 学习芳香烃酰基化的原理和方法。
2. 掌握水浴蒸馏的基本操作技能。

二、实验原理

反应方程式：

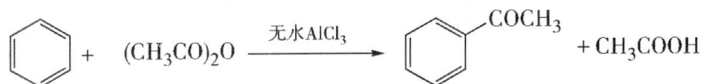

三、仪器与试剂

仪器：三颈烧瓶（250 mL），搅拌器，球形冷凝管，滴液漏斗，干燥管，分液漏斗，直形冷凝管，空气冷凝管，蒸馏头，接收管，锥形瓶，温度计，烧杯。

试剂：乙酸酐，无水苯，无水三氯化铝，浓盐酸，苯，5%氧氧化钠溶液，无水硫酸镁。

四、实验步骤

在 250 mL 三颈烧瓶中分别装置冷凝管和滴液漏斗，冷凝管上端装一个氯化钙干燥管，干燥管再与氯化氢气体吸收装置相连[1]。

迅速称取 20 g 经研细的无水三氯化铝[2]，加入三颈烧瓶中，再加入 30 mL 无水苯，塞住另一个瓶口。自滴液漏斗慢慢滴加 7 mL 乙酸酐，控制滴加速度，勿使反应过于激烈，以三颈烧瓶稍热为宜。边滴加边摇荡三颈烧瓶，10～15 min 滴加完毕。加完后，在沸水浴上回流 15～20 min，直至不再有氯化氢气体逸出为止。

将反应物冷却至室温，在搅拌下倒入盛有 50 mL 浓盐酸和 50 g 碎冰的烧杯中进行分解（在通风橱中进行）。当固体完全溶解后，将混合物转入分液漏斗，分出有机层，水层每次用 10 mL 苯（或 30 mL 乙酸乙酯）萃取两次。合并有机层和萃取液，依次用等体积的 5%氢氧化钠溶液和水洗涤一次，再用无水硫酸镁干燥。

将干燥后的粗产物先在水浴上蒸去苯（或乙酸乙酯），再在石棉网上蒸去残留的溶剂，当温度上升至 140 ℃左右时，停止加热，稍冷却后，改换成空气冷凝装置[3]，收集 198～202 ℃馏分[4]，产量为 5～6 g。

纯苯乙酮的沸点为 202.0 ℃，熔点为 20.5 ℃，折射率 $n_D^{20}=1.537\,2$。

五、附注

[1] 本实验所用仪器和试剂均需充分干燥，否则影响反应顺利进行，装置中凡是和空气

相通的部位，均应装置干燥管。

[2] 无水三氯化铝的质量多少是验证实验成败的关键因素之一，研细、称量及投料均要迅速，避免长时间暴露在空气中。可在带塞的锥形瓶中称量。

[3] 为了减少产品损失，可用一根 2.5 cm 长、外径与支管相仿的玻璃管代替，玻璃管与支管可借医用橡皮管连接。

[4] 也可用减压蒸馏。苯乙酮在不同压力下的沸点见表 4-1。

表 4-1　苯乙酮在不同压力下的沸点

压力/mmHg	4	6	8	10	25	30	40	50	60	100	150	200
沸点/℃	60	68	73	78	98	102	109.4	115.5	120	133.6	146	155

六、思考题

1. 水和潮气对本实验有何影响？在仪器装置和操作中，应注意哪些事项？为什么要迅速称取无水三氯化铝？

2. 反应完成后，为什么要加入浓盐酸和冰水的混合液？

3. 在烷基化和酰基化反应中，三氯化铝的用量有何不同？为什么？

4. 下列试剂在无水三氯化铝存在下相互作用，应得到什么产物？

① 过量苯和 $ClCH_2CH_2Cl$；② 氯苯和丙酸酐；③ 甲苯和邻苯二甲酸酐；④ 溴苯和乙酸酐。

实验二十三　苯亚甲基苯乙酮的制备

一、实验目的

1. 掌握羟醛缩合反应的原理和方法。
2. 进一步熟练掌握滴液漏斗、搅拌器的使用方法；巩固重结晶的操作。

二、实验原理

查尔酮广泛应用于医药和日用化学品领域，羟醛缩合反应是制备 α,β-不饱和醛酮的重要方法。无 α-活泼氢的芳醛可以与有 α-活泼氢的芳醛发生交叉羟醛缩合反应，又称为 Claisen-Schmidt 反应，缩合产物是自发脱水而成的具有稳定共轭体系的 α,β-不饱和醛酮。这是合成侧链上含有两种官能团的芳香族化合物的重要方法。

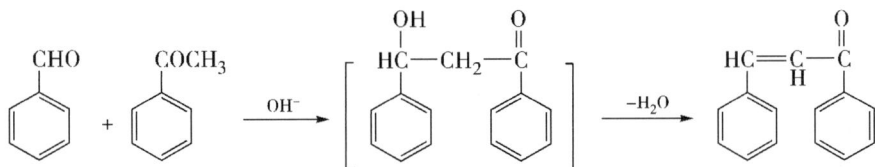

近年来，超声辐射（U.S）广泛应用于有机合成反应的各个领域，具有改善反应条件、加快反应速度、提高反应产率等特点。

三、仪器与试剂

仪器：磁力搅拌器，温度计，三颈烧瓶，滴液漏斗，锥形瓶，循环水泵，布氏漏斗，抽滤瓶，玻璃棒，滤纸，石蕊试纸。

试剂：苯甲醛，苯乙酮，苯亚甲基苯乙酮，95％乙醇，10％氢氧化钠溶液。

四、实验步骤

在装有搅拌器、温度计和滴液漏斗的三颈烧瓶中，加入 25 mL 10％氢氧化钠溶液、15 mL 乙醇和 6 mL 苯乙酮。搅拌下由滴液漏斗滴加 5 mL 苯甲醛，控制滴加速度，保持反应温度在 25～30 ℃[1]之间，必要时用冷水浴冷却。滴加完毕后，继续保持此温度搅拌 0.5 h。然后加入几粒苯亚甲基苯乙酮作为晶种[2]，室温下继续搅拌 1～1.5 h，即有固体析出。反应结束后，将三颈烧瓶置于冰水浴中冷却 15～30 min，使结晶完全。

减压抽滤收集产物，用水充分洗涤，至洗涤液对石蕊试纸显中性。然后用少量乙醇（5～6 mL）洗涤结晶，挤压抽干，得苯亚甲基苯乙酮粗产物[3]。粗产物用 95％乙醇重结晶[4]（每克产物需 4～5 mL 溶剂），若溶液颜色较深，可加少量活性炭脱色，得浅黄色片状结晶 6～7 g，熔点为 56～57 ℃[5]。

五、附注

［1］反应温度以 25～30 ℃为宜。如果温度过高，则副产物多；如果温度过低，则产物发黏，不易过滤和洗涤。

［2］一般在室温下搅拌 1 h 后即可析出结晶。为了引发结晶较快析出，最好加入事先制好的晶种。

［3］苯亚甲基苯乙酮会使某些人皮肤过敏，处理时注意勿与皮肤接触。

［4］苯亚甲基苯乙酮熔点低，重结晶回流时呈熔融状，必须加溶剂使其呈均相。

［5］苯亚甲基苯乙酮存在几种不同的晶型。通常得到的是片状的 α 体（熔点为 58～59 ℃），另外，还有棱状或针状的 β 体（熔点为 56～57 ℃）及 γ 体（熔点 48 ℃）。

六、思考题

1. 本实验中可能会产生哪些副反应？实验中采取了哪些措施来避免副产物的生成？
2. 写出苯甲醛与丙醛及丙酮（过量）在碱催化下缩合产物的结构式。

实验二十四　己二酸的制备

一、实验目的

1. 学习氧化环己醇合成己二酸的原理和方法。
2. 熟悉电动搅拌、浓缩、抽滤等基本操作。

二、实验原理

己二酸是合成尼龙-66 的主要原料之一，实验室可用硝酸或高锰酸钾氧化环己醇而得。
反应式为：

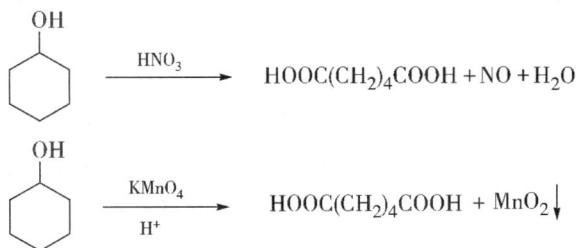

三、仪器与试剂

仪器：三颈烧瓶（100 mL），电动搅拌器，温度计，抽滤装置，蒸发皿，球形冷凝管，滴液漏斗。

试剂：环己醇，硝酸，钒酸铵，高锰酸钾，10％氢氧化钠溶液，亚硫酸氢钠，浓盐酸。

四、实验步骤

实验方法一：硝酸氧化

在 100 mL 三颈烧瓶中，加入 8 mL 50％硝酸[1]（10.5 g，约 0.085 mol）和一小粒钒酸铵。瓶口分别安装温度计、回流冷凝管和滴液漏斗。冷凝管上端接一个气体吸收装置，用碱液吸收反应中产生的氧化氮气体[2]，滴液漏斗中加入 2.7 mL 环己醇[3]。将三颈烧瓶在水浴中预热到 50 ℃左右，移去水浴，先滴入 5～6 滴环己醇，并加以摇振。反应开始后，瓶内反应物温度升高并有红棕色气体放出。慢慢滴入其余的环己醇，调节滴加速度[4]，使瓶内温度维持在 50～60 ℃之间，并加以摇荡。若温度过高或过低，可借冷水浴或热水浴加以调节。滴加完毕（约需 15 min）后，再用沸水浴加热 10 min，至几乎无红棕色气体放出为止。将反应物小心倾入一个外部用冷水浴冷却的烧杯中，抽滤收集析出的晶体，用少量冰水洗涤[5]。粗产物干燥后，为 2～2.5 g，熔点为 149～155 ℃。用水重结晶后，熔点为 151～152 ℃，产量约 2 g。

纯己二酸为白色棱状晶体，熔点为 153 ℃。

实验方法二：高锰酸钾氧化

在 250 mL 烧杯中安装机械搅拌或电磁搅拌装置。烧杯中加入 5 mL 10％氢氧化钠溶液和 50 mL 水，搅拌下加入 6 g 高锰酸钾。待高锰酸钾溶解后，用滴管慢慢加入 2.1 mL 环己醇，控制滴加速度，维持反应温度在 45 ℃左右。滴加完毕后，反应温度开始下降时，在沸水浴中将混合物加热 5 min，使氧化反应完全，并使二氧化锰沉淀凝结。用玻璃棒蘸一滴反应混合物点到滤纸上做点滴实验。如有高锰酸盐存在，则在点的周围出现紫色的环，可加少量固体亚硫酸氢钠，直到点滴实验呈负性为止。

趁热抽滤混合物，二氧化锰滤渣用少量热水洗涤 3 次。合并滤液和洗涤液，用约 4 mL 浓盐酸酸化，使溶液呈强酸性。在石棉网上加热浓缩，使溶液体积减少至 10 mL 左右，加少量活性炭脱色后，得白色己二酸晶体，熔点为 151～152 ℃，产量为 1.5～2 g。

五、附注

[1] 环己醇与浓硝酸切勿用同一量筒量取，这是因为二者相遇时，会发生剧烈反应，甚至发生意外。

[2] 本实验最好在通风橱中进行。因产生的氧化氮是有毒气体，不可逸散在实验室内。仪器装置要求严密不漏，如发现漏气现象，应立即暂停实验，改正后再继续进行。

[3] 环己醇熔点为 24 ℃，熔融时为黏稠液体。为减少转移时的损失，可用少量水冲洗量筒并入滴液漏斗中。在室温较低时，这样做还可以降低其熔点，以免堵住漏斗。

[4] 此反应为强烈放热反应，切不可大量加入，以避免反应过烈，引起爆炸。

[5] 不同温度下己二酸的溶解度见表 4-2。粗产物须用冰水洗涤，如浓缩母液，可回收少量产物。

表 4-2　不同温度下己二酸的溶解度

温度/℃	15	34	50	70	87	100
溶解度/[g·(100 g H_2O)$^{-1}$]	1.44	3.08	8.46	34.1	94.8	100

六、思考题

1. 本实验中为什么必须控制反应温度和环己醇的滴加速度？

2. 为什么有些实验在加入最后一个反应物前应预先加热（如本实验中先预热到 50 ℃）？一些反应剧烈的实验，开始时的加料速度较慢，等反应开始后反而可以适当加快加料速度，原因何在？

3. 粗产物为什么必须干燥后称重？并最好进行熔点测定？

4. 根据给出的溶解度数据，计算己二酸粗产物经一次重结晶后损失了多少。与实际损失有无差别？为什么？

5. 从已经做过的实验中，你能否总结一下化合物的物理性质如沸点、熔点、相对密度、溶解度等，在有机实验中有哪些应用？

实验二十五　肉桂酸的制备

一、实验目的

1. 了解肉桂酸的制备原理和方法。
2. 进一步熟悉水蒸气蒸馏、回流等操作。

二、实验原理

芳香醛和酸酐在碱性催化剂作用下发生类似羟醛缩合的反应，生成 α,β-不饱和芳香酸，这个反应称为伯琴（Perkin）反应。催化剂通常是相应的羧酸钾盐或钠盐，有时可用碳酸盐或叔胺代替。典型的例子是肉桂酸的制备。

反应如下：

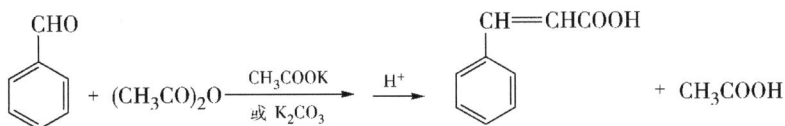

三、仪器与试剂

仪器：圆底烧瓶（100 mL），三颈烧瓶（250 mL），空气冷凝管，200 ℃温度计，水蒸气蒸馏装置，抽滤装置，油浴锅，刚果红试纸。

试剂：苯甲醛，乙酸酐，乙酸钾，碳酸钠，浓盐酸。

四、实验步骤

在 250/500 mL 的三颈烧瓶中，依次加入 10 mL 新蒸馏过的苯甲醛[1]、28 mL 新蒸馏过的乙酸酐[2] 及 14 g 无水碳酸钾[3]，混合均匀后装好仪器，于 170～180 ℃加热 45 min[4]。

反应完毕后，加入 40 mL 水浸泡 5 min，用水蒸气蒸馏（图 2-3）（蒸去什么？）至馏出液中无油珠。

残留液加入适量的 10％氢氧化钠溶液，使其呈弱碱性，再加入少量的活性炭，煮沸数分钟，趁热抽滤，将滤液倾入 250 mL 烧杯中，冷却至室温，在搅拌下用浓盐酸酸化至刚果红试纸变蓝。冷却，待结晶全部析出后抽滤，用少量水洗涤沉淀，抽干。让粗产品在空气中晾干，称重（产量约 4 g），计算产率。

肉桂酸有顺反异构，通常以反式存在，其熔点为 133 ℃，可以通过测其熔点来检验肉桂酸纯度。

五、附注

[1] 苯甲醛放置过久会氧化成苯甲酸，这不仅影响反应进行，而且苯甲酸混在产品中不

易除去，影响产品质量。故实验所需苯甲酸要事先蒸馏，收集 $170\sim180$ ℃馏分供使用。

［2］乙酸酐放置过久会吸潮水解为乙酸，故本实验所需的乙酸酐必须在实验前进行重新蒸馏。

［3］由于酸酐易水解，通常羟醛缩合反应中所用的稀碱就不能在此使用，而改用与酸酐所对应的钾盐或钠盐。使用碳酸钾也能使反应顺利进行，并且缩短反应时间。

［4］可用油浴或隔石棉网小火直接加热，控制反应液呈微沸状态。

六、思考题

1. 根据 Perkin 反应的特点，用苯甲醛和丙酸酐在无水丙酸钾的存在下相互作用后得到什么产物？

2. 实验中能否用浓的或稀的氢氧化钾作碱性催化剂？为什么？

3. 在 Perkin 反应中，如使用与酸酐不同的羧酸盐，会得到两种不同的芳基丙烯酸，为什么？

实验二十六　氢化肉桂酸的制备

一、实验目的

1. 掌握 Raney 镍催化剂的制备方法。
2. 掌握催化加氢的相关操作。
3. 练习减压蒸馏等基本操作。

二、实验原理

催化氢化是一项重要的实验方法，与化学试剂还原比较，它具有反应产物纯、价格低廉、催化剂能反复使用和无环境污染等优点。但催化氢化对反应器要求较高，催化剂的制备或再生操作要求较严格，并且催化剂对各种官能团还原的选择性也受到一定的限制。尽管如此，催化氢化仍然在实验室制备和工业生产中有着广泛的用途。

本实验介绍了高活性的 Raney 镍，在常温常压下，用氢气将肉桂酸还原成氢化肉桂酸。反应式如下：

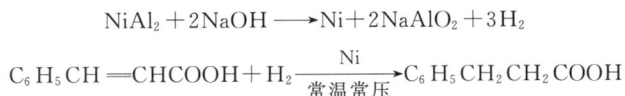

$$NiAl_2 + 2NaOH \longrightarrow Ni + 2NaAlO_2 + 3H_2$$

$$C_6H_5CH = CHCOOH + H_2 \xrightarrow[\text{常温常压}]{Ni} C_6H_5CH_2CH_2COOH$$

三、仪器与试剂

仪器：圆底烧瓶（100 mL），烧杯（500 mL），贮氢筒，分液漏斗，磁力搅拌器，三通活塞，水泵，直形冷凝管，温度计，表面皿。

试剂：肉桂酸，镍铝合金，氢氧化钠，95％乙醇。

四、实验步骤

在 500 mL 烧杯中，加入 5 g 镍铝合金及 50 mL 蒸馏水，旋转烧杯使混合均匀。然后分批加入 8 g 固体氢氧化钠，同时进行旋摇，反应强烈放热，并有大量氢气逸出。控制碱的加入速度，以泡沫不溢出为宜，至无明显的氢气逸出为止。反应物在室温下放置 10 min，然后在 70 ℃水浴中保温 0.5 h。倾去上层清液，依次用蒸馏水和 95％乙醇各洗涤 3 次，用 10 mL 95％乙醇覆盖备用。使用时将乙醇倾去，每毫升催化剂含镍约 0.6 g[1]。

简易常压催化氢化装置如图 4-4 所示，由 100 mL 圆底烧瓶（氢化反应瓶）、贮氢筒、分液漏斗（平衡瓶）及电磁搅拌组成。三通活塞 1 接氢气贮存系统氢气袋[2]，三通活塞 2 接真空系统。

在 100 mL 圆底烧瓶内溶解 3 g（0.02 mol）肉桂酸于 45 mL 温热的 95％乙醇中。冷至室温后，加入 2 mL 已制好的催化剂，并用少量乙醇冲洗瓶壁。放入磁子后，塞紧插有导气管的橡皮塞，使与氢气相连，检查整个系统是否漏气。

检查的方法：将整个氢化系统与带有压力计的水泵相连，开启水泵，当抽至一定压力后，关闭水泵，切断与氢气系统的连接，观察压力计的读数是否发生变化。若系统漏气，应依次检查玻璃活塞、磨口塞是否塞紧及橡皮管连接处是否紧密等。

氢化开始前，旋转三通活塞 1，把盛有蒸馏水的平衡瓶的位置提高，使贮氢筒内充满水，赶尽筒内的空气。关闭三通活塞 1，打开三通活塞 2，使与真空系统相连，抽真空排除整个氢化系统内的空气，抽到一定真空度后关闭活塞 2，打开与氢气袋相连的活塞 1 进行充氢。如此抽真空—充氢气重复 2~3 次，即可排除整个系统内的空气[3]。最后对贮氢筒内充氢气。方法是：关闭与真空系统相连的三通活塞 2，打开与氢气袋相连的三通活塞 1，使氢气与贮氢筒连通，同时降低平衡瓶的位置，用排水集气法使贮氢筒内充满氢气，关闭三通活塞 1。

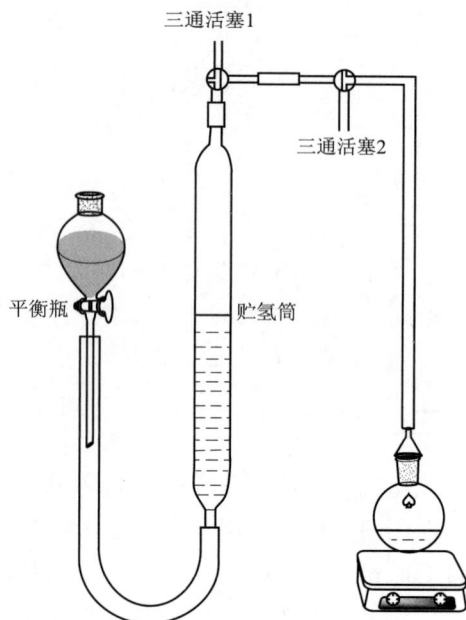

图 4-4　常压催化氢化装置图

取下平衡瓶，使其平面与贮氢筒中水平面高度持平[4]，记下贮氢筒内氢气的体积，即可开始氢化反应。

开动电磁搅拌，记下氢化反应开始的时间，每隔一定时间后，将平衡瓶水平面与贮氢筒内水平面置于同一水平线上，记录贮氢筒内氢气的体积变化，作出时间-吸氢体积曲线。当吸氢体积无明显变化后，表明反应已经完成。

反应结束后，关闭连接贮氢筒的三通活塞 1，打开与水泵相连的三通活塞 2，放掉系统内的残余氢气。取下氢气瓶，用折叠滤纸滤去催化剂，催化剂应放入指定的回收瓶中，切勿随便扔入废液缸，以免引起着火事故。

将滤液转入 100 mL 圆底烧瓶中，在水浴上尽量蒸去乙醇，趁热将产品倒在一个已称重的表面皿内，冷却后即得略带淡绿色或白色的氢化肉桂酸结晶。干燥后称重（约 2.5 g），测熔点。

按投入的肉桂酸量计算理论吸氢量[5]，并与实际吸氢量进行比较。

肉桂酸的熔点为 47~48 ℃。

五、附注

［1］用这种方法制备的催化剂，是略带碱性的高活性的催化剂。催化剂的贮存导致活性显著降低，故最好新鲜制备，可得到较高的转化率。

［2］所用氢气袋由氢气钢瓶进行充氢气。使用前应了解氢气袋所承受的最大压力及钢瓶的使用方法。氢气易燃易爆，应严格按照操作规程进行操作，并注意室内通风，熄灭一切火源。

［3］氢化前须排除系统内的空气，氢化过程严禁空气进入氢化系统内。

[4] 反应时，平衡瓶的水平面应略高于贮氢筒内的水平面，以增大反应体系的压力。

[5] 理论吸氢量可按气态方程 $pV = nRT$ 计算。

六、思考题

为什么氢化反应过程中，搅拌或振荡速度对氢化速度有显著影响？

实验二十七　扁桃酸的制备

一、实验目的

1. 掌握扁桃酸的制备方法。
2. 学习利用碳烯的合成反应。
3. 掌握利用混合溶剂进行重结晶的方法。

二、实验原理

本实验利用相转移催化剂，由三氯甲烷和碱作用生成碳烯，碳烯再与苯甲醛发生加成反应，经重排水解一步得到产物。反应过程如下：

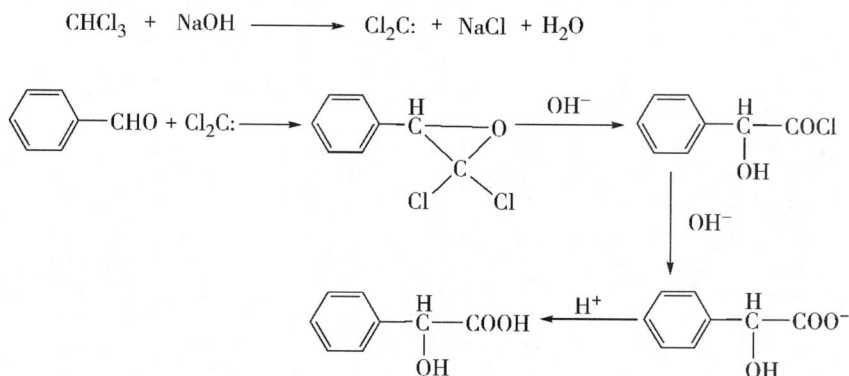

$$CHCl_3 + NaOH \longrightarrow Cl_2C: + NaCl + H_2O$$

扁桃酸又称苦杏仁酸，可以治疗尿路感染、女性滴虫性炎症等，也是合成血管扩张药环扁桃酸的原料。其分子中含有一个手性碳原子，化学方法合成得到的是外消旋体。老方法是通过苯基羟乙腈 $[C_6H_5(OH)CN]$ 或苯基二氯乙酮（$C_6H_5COCHCl_2$）水解制备，但合成路线长，操作不便，环境不友好。

三、仪器与试剂

仪器：三颈烧瓶（100 mL），烧杯（100 mL），球形冷凝管，直形冷凝管，温度计，滴液漏斗，磁力搅拌器，分液漏斗，水浴锅，水泵，抽滤瓶，布氏漏斗，滤纸。

试剂：苯甲醛，氯仿，三乙基苄基氯化铵（TEBA），氢氧化钠，乙醚，浓硫酸，无水硫酸钠，无水乙醇，甲苯。

四、实验步骤

在 100 mL 装有滴液漏斗、回流冷凝管和温度计的三颈烧瓶上，加入 6.8 mL（7.1 g，0.067 mol）苯甲醛、0.7 g TEBA 和 12 mL（18 g，0.15 mol）氯仿。在磁力搅拌下，水浴加热至 55 ℃时，滴加由 13 g 氢氧化钠和 13 mL 水组成的 50%氢氧化钠溶液（约 45 min），维持温度 60～65 ℃，继续反应 1 h[1]。

将反应液用 140 mL 水稀释，用 15 mL 乙醚萃取 2 次，合并萃取液，倒入指定容器待回收乙醚。水层用 50% 硫酸酸化至 pH 为 1～2，转入分液漏斗，再每次用 30 mL 乙醚萃取 2 次，合并醚层，用无水硫酸钠干燥。在水浴上蒸出乙醚，并用水泵减压抽去残留的乙醚[2]，得粗产品，称重（6～7 g）。粗产品用 1：8 无水乙醇-甲苯（体积比）重结晶，干燥，称重（4～5 g），计算收率，测定熔点。

扁桃酸为白色固体，熔点为 118～119 ℃，1 g 扁桃酸能溶于 6.3 mL 水中，极易溶于乙醇、乙醚中。

五、附注

[1] 此时可取反应液测试 pH，应接近中性，否则，可延长反应时间。

[2] 扁桃酸在乙醚中溶解度大，应尽可能抽出乙醚，以利于冷却后固体产物的析出。

六、思考题

1. 根据相转移催化原理，写出本反应中离子的转移过程。

2. 本实验中酸化前后两次用乙醚萃取的目的何在？

3. 为什么本实验自始至终都保持充分搅拌？

实验二十八　乙酰水杨酸（阿司匹林）的制备

一、实验目的

1. 掌握酚酰化成酯的原理，了解有关药物制备的知识。
2. 掌握固体有机物的合成方法及固体重结晶法。

二、实验原理

乙酰水杨酸的商品名为阿司匹林，具有止痛、退热和抗炎的作用。

阿司匹林常用的制备方法：在浓硫酸的催化下，水杨酸与乙酸酐（过量约 1 倍）作用，使水杨酸分子中的酚羟基上的氢原子被乙酰基取代而生成乙酰水杨酸。乙酸酐在反应中既作为酰化剂，又作为反应溶剂。

反应式为：

$$\text{水杨酸} + (CH_3CO)_2O \xrightarrow[70\sim80\ ℃]{H_2SO_4} \text{乙酰水杨酸} + CH_3COOH$$

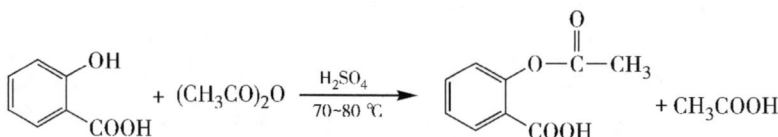

水杨酸能缔合形成分子内氢键：

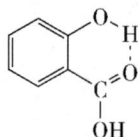

浓硫酸的作用是破坏水杨酸分子中的氢键，使乙酰化反应易于进行。

乙酰化反应完成后，加水使乙酸酐分解为水溶性的乙酸，即可得到粗制乙酰水杨酸。

粗产品中的主要杂质是水杨酸，这是乙酰化反应不完全造成的。水杨酸像大多数酚一样，与 $FeCl_3$ 能形成深色配合物，而乙酰水杨酸中的酚羟基已被乙酰化，不再发生颜色反应，因此，可用 $FeCl_3$ 检验反应是否进行完全。

三、仪器与试剂

仪器：锥形瓶（125 mL），烧杯（250 mL），温度计（100 ℃），量筒（10 mL），天平，布氏漏斗，抽滤瓶，循环真空水泵，安全瓶，玻璃棒，滤纸。

试剂：水杨酸，乙酸酐，浓硫酸，1‰ $FeCl_3$ 溶液，饱和碳酸氢钠溶液，浓盐酸。

四、实验步骤

实验方法一：常规水浴法

在 125 mL 干燥的锥形瓶中加入干燥的水杨酸 2 g（0.015 mol）和乙酸酐[1] 5 mL

（0.05 mol），再加浓硫酸 5 滴，充分振摇。于 70～80 ℃的水浴[2]中振摇锥形瓶，使固体物质溶解后，在此温度下继续加热 15 min。取出锥形瓶冷至室温，乙酰水杨酸开始结晶，如不结晶，用玻璃棒摩擦瓶壁并将锥形瓶放在冰水浴中冷却，以加速结晶的析出。待结晶完全析出后，减压过滤，用少量蒸馏水洗涤结晶 2～3 次，抽干，即得乙酰水杨酸粗产物。

将粗产物转移至 150 mL 烧杯中，在搅拌下加入 25 mL 饱和碳酸氢钠溶液，加完后继续搅拌几分钟，直至无二氧化碳气泡产生，抽气过滤，副产物聚合物被滤出，用 5～10 mL 水冲洗漏斗，合并滤液，倒入烧杯中，再加入 4～5 mL 浓盐酸，搅拌均匀，即有乙酰水杨酸沉淀析出。将烧杯置于冰水浴中冷却，使结晶完全。减压过滤，尽量抽去滤液，再用冷水洗涤 2～3 次，抽干水分。将结晶移至表面皿上，干燥后测定熔点[3]，称重并计算产率[4]。纯乙酰水杨酸熔点为 135～136 ℃。

实验方法二：微波合成法

取 100 mL 装有搅拌子的三颈烧瓶，加入 5 g 水杨酸和 20 mL 乙酸酐，搅拌下加入 0.25 g $NaHCO_3$ 粉末，将三颈烧瓶置入微波反应器中，设定微波辐射功率为 400 W，温度为 85 ℃，时间为 3 min，开始反应。反应结束后，稍微冷却后缓慢加入 50 mL pH＝3～4 的盐酸水溶液，并将混合物移至冰浴中冷却，待开始析出晶体后，放入冰箱冷藏 1 h 使结晶完全。过滤，固体用少量蒸馏水洗涤，干燥，得乙酰水杨酸固体粗产物。粗产物用 50 mL 10％的乙醇溶液重结晶，过滤，干燥，得白色乙酰水杨酸晶体 5.2 g，产率为 80％。

五、附注

[1] 乙酸酐应当是新蒸馏的，收集 139～140 ℃的馏分。

[2] 反应温度不宜过高，否则可能有副反应发生，例如，生成水杨酰水杨酸酯、乙酰水杨酰水杨酸酯。

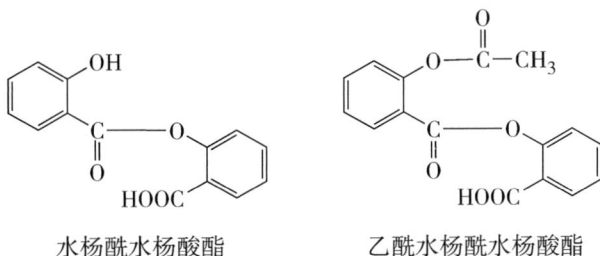

水杨酰水杨酸酯　　　　　乙酰水杨酰水杨酸酯

[3] 乙酰水杨酸易受热分解，因此熔点不是很明显，它的分解温度为 128～135 ℃，在测定熔点时，可先将热载体加热到 120 ℃左右，然后放入样品测定。

[4] 本实验中，乙酸酐过量，故以水杨酸为标准计算理论产量。

六、思考题

1. 水杨酸具有消炎镇痛的作用。在古代，柳树皮是可以入药的药材，在古埃及和古希腊都有用柳树皮入药的记载。李时珍的《本草纲目》中也提到用柳树皮煮水来缓解关节病患者的疼痛。本实验为什么要进行乙酰化？以万能药的传奇故事为切入点，理解和体会化学合成在医药生产中的重要性，了解化学在减轻疾病痛苦方面的巨大作用，激发专业自豪感和责任感。

2. 反应容器为什么必须干燥？为什么乙酸酐必须是新蒸馏的？

3. 何为酰基化反应？常用的酰基化剂有哪些？

4. 浓硫酸在实验中的作用是什么？

5. 减压过滤时，应注意哪些问题？

6. 减压过滤时，布氏漏斗的位置如何？

7. 减压过滤完毕后，是先通大气（拔橡皮管）后关循环水箱，还是先关循环水箱后通大气？

8. 反应温度大约在多少摄氏度？温度过高会有什么后果？

9. 在乙酰水杨酸的制备实验中，如何验证产物中是否还有水杨酸存在？

实验二十九　乙酸乙酯的制备

一、实验目的

1. 了解酯化反应的原理和乙酸乙酯的制备方法。
2. 掌握回流、萃取、分液、干燥等实验技术。
3. 掌握液态化合物的分离、纯化的方法。

二、实验原理

主反应：

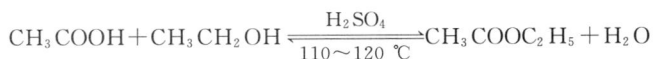

$$CH_3COOH + CH_3CH_2OH \underset{110 \sim 120\ ℃}{\overset{H_2SO_4}{\rightleftharpoons}} CH_3COOC_2H_5 + H_2O$$

副反应：

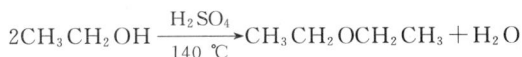

$$2CH_3CH_2OH \xrightarrow[140\ ℃]{H_2SO_4} CH_3CH_2OCH_2CH_3 + H_2O$$

反应中，浓硫酸除了起催化作用外，还吸收反应生成的水，有利于酯的生成。该反应中，若温度过高，易促使副反应发生，如要减少副产物乙醚的量，应控制反应温度。由于该反应可逆，通常采用加入过量价廉的酸或醇[1]来提高酯的产率。

三、仪器与试剂

仪器：圆底烧瓶（100 mL），球形冷凝管，直形冷凝管，蒸馏头，分液漏斗，锥形瓶（50 mL），接收管，量筒（50 mL），温度计，石蕊试纸。

试剂：95％乙醇，乙酸（又名冰醋酸），浓硫酸，饱和碳酸钠溶液，饱和氯化钠溶液，饱和氯化钙溶液，无水硫酸镁。

四、实验步骤

在干燥的 100 mL 圆底烧瓶中加入 20 mL（15.7 g，0.34 mol）95％乙醇和 12 mL（12.59 g，0.21 mol）乙酸，再缓慢加入 0.5 mL（10 滴）浓硫酸[2]，混匀，加入 2～3 粒沸石，装上球形冷凝管，用酒精灯加热缓缓回流 30 min。装好仪器（图 1-7（a））。

移去酒精灯，待反应液冷却至室温后，将它倒入分液漏斗，向分液漏斗中缓慢加入饱和碳酸钠溶液，同时不断荡动，直至无 CO_2 气体放出为止（用 pH 试纸检验，酯层应呈中性）。盖好盖子，振荡 1～2 次，打开活塞放出气体，重复几次，直至打开活塞无气体放出为止。静置分层，分去下层水层。

酯层再用约 10 mL 饱和氯化钠溶液洗涤[3]，充分振荡，静置分层，小心放出水层[4]；最后用约 10 mL 的饱和氯化钙溶液洗涤酯层[4]，静置分层，放出下层水层。酯层从漏斗上口倒入干燥的 50 mL 锥形瓶中，加入无水硫酸镁干燥约 10 min，将干燥后的乙酸乙酯转移到已称重的干燥锥形瓶中，称重并计算产物产率；可用阿贝折光仪测其折射率，检验产品纯度。

乙酸乙酯为无色液体，沸点为 77.1 ℃，熔点为 −83.6 ℃，相对密度为 $d_4^{20} = 0.900\ 3$，折射率为 $n_D^{20} = 1.372\ 3$。

五、附注

[1] 为提高产率，醇或酸哪一种过量取决于它们的价格和操作是否方便。

[2] 滴加浓硫酸时，按浓硫酸稀释操作进行。

[3] 酯在食盐水中的溶解度比在水中的小，同时，盐能抑制酯乳化而利于分层。

[4] 经洗涤的食盐水中含有碳酸钠，必须分离彻底，否则，下一步用饱和氯化钙溶液洗去醇时，将产生碳酸钙絮状沉淀，造成分离困难。

六、思考题

1. 酯化反应中加入浓硫酸有哪些作用？

2. 实验中使用几种水溶液洗涤乙酸乙酯？它们各有什么作用？

3. 酯化反应有什么特点？可采取哪些措施来提高酯的产率？

4. 能否用浓的氢氧化钠代替饱和碳酸钠溶液来洗涤蒸馏液？

5. 用水代替饱和氯化钙溶液洗涤行不行？为什么？

6. 用饱和碳酸钠溶液洗涤酯层后，能不能直接用饱和氯化钙溶液洗涤酯层？为什么？

7. 干燥乙酸乙酯的干燥剂是什么？怎样判断乙酸乙酯已完全干燥好？

8. 乙酸乙酯是一种常见的食品添加剂，但应符合相关规定和标准，不得滥用或超标使用，试分析大量食用有何伤害，并理解为什么从业者需要要有良好的职业道德。

实验三十　乙酰乙酸乙酯的制备

一、实验目的

1. 了解并掌握制备乙酰乙酸乙酯的原理和方法，加深对 Claisen 酯缩合反应原理的理解和认识。

2. 熟悉在酸酯缩合反应中金属钠的应用和操作。

3. 复习无水操作和液体干燥。

4. 了解减压蒸馏的原理和应用范围，认识减压蒸馏的主要仪器设备，并掌握减压蒸馏仪器的安装和操作方法。

二、实验原理

含 α-活泼氢的酯在强碱性试剂存在下，能与另一分子酯发生 Claisen 酯缩合反应，生成 β-酮酸酯。乙酰乙酸乙酯就是通过这一反应制备的。虽然反应中使用金属钠作为缩合试剂，但真正的催化剂是钠与乙酸乙酯中的少量乙醇作用产生的乙醇钠。随着反应的进行，也不断地生成了醇，所以反应就能不断地进行下去，直至金属钠消耗尽。乙酸乙酯中总是含有少量乙醇副产物，这对反应有利。但如果原料酯中乙醇的含量过大，对反应也是不利的，因为 Claisen 酯缩合反应是可逆的，β-酮酸酯在醇和醇钠的作用下可分解为两分子酯，使产率降低。

另外，为了防止金属钠与水猛烈反应发生燃烧和爆炸，也为了防止醇钠发生水解，本实验必须在无水[1]条件下进行，并且要求反应中无水汽浸入。钠也是本反应计算产率的基准物质。

反应式：

$$CH_3COOC_2H_5 \xrightarrow{C_2H_5ONa} [CH_3COCHCOOC_2H_5]^- Na^+$$
$$\xrightarrow{HOAc} CH_3COCH_2COOC_2H_5$$

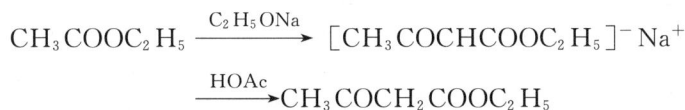

在该反应中，乙酸乙酯的用量通常是过量的，其中一部分反应生成乙酰乙酸乙酯，另一部分作为溶剂使用，同时，过量乙酸乙酯还可以阻止副产物的生成。

产物乙酰乙酸乙酯与其烯醇式是互变异构（或动态异构）现象的一个典型例子，它们是酮式和烯醇式平衡的混合物，在室温时含 92％的酮式和 8％的烯醇式。单个异构体具有不同的性质并能分离为纯态，但在微量酸碱催化下，迅速转化为二者的平衡混合物。

三、仪器、药品及实验材料

仪器：圆底烧瓶，分液漏斗，球形冷凝管，直形冷凝管，干燥管，减压蒸馏装置，烧杯，锥形瓶，量筒，滴管，玻璃棒，电热套等。

药品及实验材料：乙酸乙酯，钠，50％的乙酸，饱和食盐水，无水 $MgSO_4$，无水 $CaCl_2$。

四、实验步骤

在 50 mL 的圆底烧瓶中加入 18 mL（16.2 g，0.184 mol）分析纯乙酸乙酯，加入 1.8 g（0.078 mol）刚刚切成小薄片的金属钠[2]，迅速装上回流冷凝器并接氯化钙干燥管，反应立即开始[3]。使反应保持微沸状态，直至金属钠全部反应完[4]。此时，反应瓶内溶液呈棕红色并有白色固体出现[5]。

冷却反应液，边摇边加入 50% 乙酸[6]（约 15 mL），使反应液 pH 等于 6[7]，此时，固体应全部溶解（若还有固体，可加水使其溶解）。将反应液倒入分液漏斗中并加入等体积的饱和食盐水洗涤[8]，分出有机层并用无水硫酸镁干燥，常压蒸出过量的乙酸乙酯，再减压蒸出产品[9]，产率约为 50%。

纯乙酰乙酸乙酯的沸点为 180.4 ℃，$d_4^{20} = 1.025$，$n_D^{20} = 1.419\ 8$。

五、附注

[1] 金属钠易与水反应放出氢气及大量的热，易导致燃烧和爆炸。钠与水反应生成的 NaOH 易使乙酸乙酯水解成乙酸钠，造成原料耗损。水使金属钠消耗，难以形成碳负离子中间体，导致实验失败。

[2] 在将钠切成小薄片的过程中，动作要快，以防金属钠表面被氧化。一定要等大部分钠反应完后，再加乙酸水溶液，以防着火。

[3] 反应若不立即开始，可用小火直接隔石棉网加热。反应开始后，移去热源。若反应过于剧烈，可用冷水稍作冷却。

[4] 若到最后仍有少量未反应的金属钠，可以慢慢滴加少量工业酒精将其除去。

[5] 此沉淀可能是部分析出的乙酰乙酸乙酯钠盐。

[6] 要注意避免加入过量的乙酸溶液，否则，会增加酯在水中的溶解度。另外，酸度过高，会促使副产物"去水乙酸"的生成，从而降低产量。

[7] 目的是将乙酰乙酸乙酯钠盐全部转化成乙酰乙酸乙酯。

[8] 加入饱和食盐水起盐析的作用，尽量减少乙酰乙酸乙酯在水中的溶解量，提高乙酰乙酸乙酯的产量。

[9] 乙酰乙酸乙酯常压蒸馏时，易发生分解，影响产率，并且需要的温度较高、能量耗损大，所以要减压蒸馏产品，温度低于 100 ℃。

六、思考题

1. 本实验应以哪种物质为基准计算产率？为什么？
2. 请写出本实验的反应历程。
3. 本实验加入 50% 的乙酸及饱和食盐水的目的是什么？
4. 本实验采用减压蒸馏的原因是什么？
5. 如何证明本实验产物是两种互变异构体的平衡产物？

实验三十一　硝基苯的制备

一、实验目的

1. 了解硝化反应中混酸的浓度、反应温度和反应时间与硝化产物的关系。
2. 掌握硝基苯[1]的制备原理和方法。

二、实验原理

反应式：

$$\text{（苯）} + HNO_3 \text{（浓）} \xrightarrow[50\sim55\ ℃]{H_2SO_4\text{（浓）}} \text{（} NO_2 \text{苯）} + H_2O$$

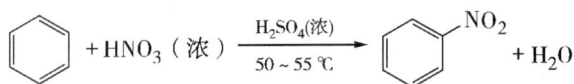

三、仪器与试剂

仪器：三颈烧瓶（250 mL），搅拌器，温度计，Y 形管，滴液漏斗，烧杯，圆底烧瓶，空气冷凝管，尾接管，蒸馏头，锥形瓶。

试剂：苯，浓硝酸（$d=1.42$），浓硫酸（$d=1.84$），5％氧氧化钠溶液，无水氯化钙。

四、实验步骤

在 100 mL 锥形瓶中，加入 18 mL 浓硝酸[2]，在冷却和摇荡下慢慢加入 20 mL 浓硫酸制成混合酸备用。

在 250 mL 三颈烧瓶上分别装置搅拌器、温度计（水银球伸入液面下）及 Y 形管，Y 形管一孔插一个滴液漏斗，另一孔连一个玻璃弯管并用橡皮管连接通入水槽。在瓶内放置 18 mL 苯，开动搅拌，从滴液漏斗中逐渐滴入上述制好的冷的混合酸。控制滴加速度，使反应温度维持在 50～55 ℃，不要超过 60 ℃[3]，必要时可用冷水浴冷却。滴加完毕后，将三颈烧瓶在 60 ℃左右的热水浴上继续搅拌 15～30 min。

待反应物冷至室温后，倒入盛有 100 mL 水的烧杯中，充分搅拌后让其静置，待硝基苯沉降后，尽可能倾出酸液（倒入废物缸）。粗产物转入分液漏斗，依次用等体积的水、5％氢氧化钠溶液、水洗涤后[4]，用无水氯化钙干燥。

将干燥好的硝基苯滤入蒸馏瓶，接空气冷凝管，在石棉网上加热蒸馏，收集 205～210 ℃馏分[5]，产量约 18 g。

纯硝基苯为淡黄色的透明液体，沸点为 210.8 ℃，折射率 $n_D^{20}=1.556\ 2$。

五、附注

[1] 硝基化合物对人体有较大的毒性，吸入大量蒸气或被皮肤接触吸收，均会引起中毒。所以，处理硝基苯或其他硝基化合物时，必须小心谨慎，如不慎触及皮肤，应立即用少

量乙醇擦洗，再用肥皂及温水洗涤。

[2] 一般工业浓硝酸的相对密度为1.52，用此酸反应时，极易得到较多的二硝基苯。为此，可用3.3 mL水、20 mL浓硫酸和18 mL工业浓硝酸（$d = 1.52$）组成的混合酸进行硝化。

[3] 硝化反应是放热反应，温度若超过60 ℃，会有较多的二硝基苯生成，也有部分硝酸和苯挥发逸去。

[4] 洗涤硝基苯时，特别是用氢氧化钠溶液洗涤时，不可过分用力摇荡，否则，会使产品乳化而难以分层。若遇此情况，可加入固体氯化钙或氯化钠饱和，或加数滴酒精，静置片刻，即可分层。

[5] 因残留在烧瓶中的二硝基苯在高温时易发生剧烈分解，故蒸产品时不可蒸干，也不能使蒸馏温度超过214 ℃。

六、思考题

1. 本实验中为什么要控制反应温度在50～55 ℃？温度过高有什么不好？

2. 粗产物硝基苯依次用水、碱液、水洗涤的目的何在？

3. 甲苯和苯甲酸硝化的产物是什么？你认为在反应条件上有何差异？为什么？

4. 如粗产物中有少量硝酸没有除掉，在蒸馏过程中会发生什么现象？

实验三十二　苯胺的制备

一、实验目的

1. 掌握硝基苯还原成苯胺[1]的原理和方法。
2. 巩固水蒸气蒸馏和简单蒸馏的基本操作，熟悉萃取分离技能。

二、实验原理

反应式：

$$\text{苯}-NO_2 + Fe + H_2O \xrightarrow{H^+} \text{苯}-NH_2 + Fe_3O_4$$

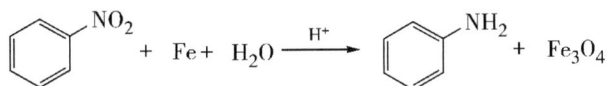

三、仪器与试剂

仪器：圆底烧瓶（500 mL），球形冷凝管，温度计，分液漏斗，烧杯，T形管，导气管，直角弯管，安全玻璃管，直形冷凝管，空气冷凝管，尾接管，蒸馏头，锥形瓶。

试剂：硝基苯（自制），还原铁粉（40～100 目），乙酸，乙醚，精盐，氢氧化钠。

四、实验步骤

在 500 mL 圆底烧瓶中，放置 27 g 还原铁粉、50 mL 水及 3 mL 乙酸[2]，振荡使充分混合。装上回流冷凝管，用小火在石棉网上加热煮沸约 10 min。稍冷后，从冷凝管顶端分批加入 15.5 mL 硝基苯，每次加完后要用力摇振，使反应物充分混合。由于反应放热，每次加入硝基苯时，均有一阵剧烈的反应发生。加完后，将反应物加热回流 0.5 h，同时摇动，使还原反应完全[3]，此时，冷凝管回流液应不再呈现硝基苯的黄色。

将反应瓶改为水蒸气蒸馏装置（图 2-3），进行水蒸气蒸馏，至馏出液澄清，再多收集 20 mL 馏出液，共约需收集 150 mL[4]。将馏出液转入分液漏斗，分出有机层，水层用食盐饱和[5]（需 35～40 g 食盐）后，每次用 20 mL 乙醚萃取 3 次。合并苯胺层和醚萃取液，用粒状氢氧化钠干燥。

将干燥后的苯胺醚溶液用分液漏斗分批加入 25 mL 干燥的蒸馏瓶中，先在水浴上蒸去乙醚，残留物用空气冷凝管蒸馏，收集 180～185 ℃馏分[6]，产量为 9～10 g。

纯粹苯胺的沸点为 184.4 ℃，折射率 $n_D^{20} = 1.586\ 3$。

五、附注

[1] 苯胺有毒，操作时应避免与皮肤接触或吸入其蒸气。若不慎触及皮肤，先用水冲洗，再用肥皂和温水洗涤。

[2] 这一步的目的是使铁粉活化，缩短反应时间。铁-乙酸作为还原剂时，铁首先与乙

酸作用，产生乙酸亚铁，它是主要的还原剂，在反应中进一步被氧化成碱式乙酸铁。

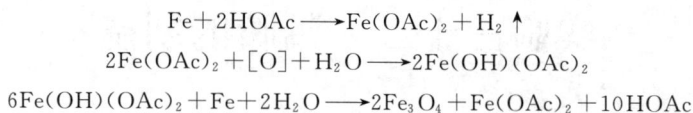

$$Fe+2HOAc \longrightarrow Fe(OAc)_2+H_2 \uparrow$$
$$2Fe(OAc)_2+[O]+H_2O \longrightarrow 2Fe(OH)(OAc)_2$$
$$6Fe(OH)(OAc)_2+Fe+2H_2O \longrightarrow 2Fe_3O_4+Fe(OAc)_2+10HOAc$$

碱式乙酸铁与铁及水作用后，生成乙酸亚铁和乙酸，可以再起上述反应。

所以，总的来看，反应中主要是水作为供质子剂提供质子，铁提供电子完成还原反应。

[3] 硝基苯为黄色油状物，如果回流液中黄色油状物消失而转变成乳白色油珠（由游离苯胺引起），表示反应已经完成。还原作用必须完全，否则，残留在反应物中的硝基苯在后续几步提纯过程中很难分离，因而影响产品纯度。

[4] 反应完后，圆底烧瓶壁上黏附的黑褐色物质，可用 1:1（体积比）盐酸水溶液温热除去。

[5] 在 20 ℃时，每 100 mL 水可溶解 3.4 g 苯胺，为了减少苯胺损失，根据盐析原理，加入精盐使馏出液饱和，原来溶于水中的绝大部分苯胺成为油状物析出。

[6] 纯苯胺为无色液体，但在空气中由于氧化而呈淡黄色，加入少许锌粉重新蒸馏，可去掉颜色。

六、思考题

1. 如果以盐酸代替乙酸，则反应后要加入饱和碳酸钠至溶液呈碱性后，才进行水蒸气蒸馏，这是为什么？本实验为何不进行中和？

2. 有机物质必须具备什么性质，才能采用水蒸气蒸馏提纯？本实验为何选择水蒸气蒸馏法把苯胺从反应混合物中分离出来？

3. 在水蒸气蒸馏完毕时，先灭火焰，再打开 T 形管下端弹簧夹，这样做行吗？为什么？

4. 如果最后制得的苯胺中含有硝基苯，应如何进行分离提纯？

实验三十三 乙酰苯胺的制备

一、实验目的

1. 学习合成乙酰苯胺的原理和方法。
2. 掌握分馏的基本原理，巩固分馏操作技术。
3. 巩固重结晶、抽滤和趁热过滤等基本操作。

二、实验原理

乙酰苯胺可以通过苯胺与酰基化试剂如乙酰氯、乙酸酐或冰醋酸作用来制备。由于冰醋酸与苯胺反应比较平稳，容易控制，且价格低廉，故本实验采用冰醋酸做酰基化试剂。反应式为：

$$CH_3COOH + \text{（苯胺）} NH_2 \rightleftharpoons \text{（乙酰苯胺）} NHCOCH_3 + H_2O$$

由于该反应是可逆的，故在反应时要及时除去生成的水来提高产率。由于苯胺易氧化，加入少量锌粉，可防止苯胺在反应过程中被氧化。

三、仪器与试剂

仪器：圆底烧瓶（50 mL），锥形瓶（50 mL），烧杯（250 mL），分馏柱，接液管，热水漏斗，布氏漏斗，抽滤瓶，水泵，安全瓶，玻璃棒，温度计（150 ℃）。

试剂：苯胺（新蒸馏），冰醋酸，锌粉，活性炭。

四、实验步骤

在 50 mL 圆底烧瓶中，加入 10 mL（10.2 g，0.11 mol）新蒸的苯胺[1]、15 mL（15.7 g，0.26 mol）冰醋酸及少许锌粉（约 0.1 g）[2]。按图 4-5 所示装好仪器。

小火加热反应瓶，注意控制火焰，使反应保持微沸约 15 min，然后逐渐升温，当温度达到 100 ℃ 左右时，支管有液体流出。保持温度在 100～110 ℃ 之间加热回流约 1.5 h，将反应中生成的水和大部分乙酸蒸出，当温度下降时，说明反应已经终止。趁热将反应物倒入盛有 200 mL 冷水的烧杯中，用玻璃棒充分搅拌，冷却至室温，以使乙酰苯胺结晶成细颗粒状，使之完全析出。所得结晶用布氏漏斗抽滤，用冷水洗涤，得到乙酰苯胺粗产品。

将所得粗产品移入盛有 100 mL 热水的烧杯中，在石棉网上加热煮沸，使之完全溶解。停止加热，待 2～3 min 后加少量活性炭（0.2～0.4 g），在搅拌下再次加热煮沸 3～4 min，然后用保温过滤

图 4-5 乙酰苯胺的制备

法进行热过滤。滤液冷却至室温，得到白色片状结晶。抽滤，将产品移至一个预先称重的表面皿中。晾干或 100 ℃以下烘干，称重（9～10 g），检验纯度。

乙酰苯胺熔点为 114.3 ℃。

五、附注

[1] 久置的苯胺由于氧化而常常有黄色，会影响产品的品质，所以应使用新蒸馏的苯胺。蒸馏时，防止吸入苯胺蒸气或苯胺接触皮肤。

[2] 锌粉可以起到防止苯胺氧化和沸石的作用，故本实验无须另加沸石。

六、思考题

1. 为何反应温度控制在 100～110 ℃进行回流？

2. 如何提高乙酰苯胺的品质和产量？

3. 由苯胺制备乙酰苯胺时，可采用哪些化合物作为酰基化试剂？有什么优缺点？

实验三十四　对氨基苯磺酰胺的制备

一、实验目的

1. 掌握酰氯的氨解和乙酰氨基衍生物的水解的基本原理与方法。
2. 巩固回流、抽滤、脱色和重结晶等基本操作。

二、实验原理

磺酰胺的制备从简单的芳香族化合物开始，其中包括许多中间体，这些中间体有的需要分离提纯，有的不需要精制就可以直接用于下一步合成。由于各步反应导致产量的损失，使得总产率降低，因此人们一直在研究可获得高产率的反应。本实验的反应原理如下：

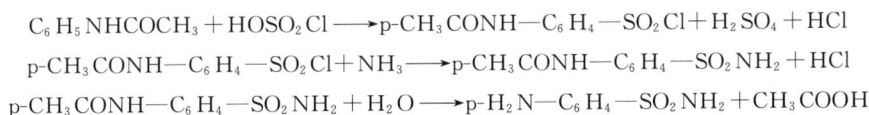

$$C_6H_5NHCOCH_3 + HOSO_2Cl \longrightarrow p\text{-}CH_3CONH—C_6H_4—SO_2Cl + H_2SO_4 + HCl$$

$$p\text{-}CH_3CONH—C_6H_4—SO_2Cl + NH_3 \longrightarrow p\text{-}CH_3CONH—C_6H_4—SO_2NH_2 + HCl$$

$$p\text{-}CH_3CONH—C_6H_4—SO_2NH_2 + H_2O \longrightarrow p\text{-}H_2N—C_6H_4—SO_2NH_2 + CH_3COOH$$

三、仪器与试剂

仪器：锥形瓶（100 mL），烧杯（100 mL、250 mL），导气管，吸气瓶，玻璃棒，量筒（50 mL），圆底烧瓶（50 mL），球形冷凝管，布氏漏斗，抽滤瓶，水泵，安全瓶。

试剂：乙酰苯胺，氯磺酸，浓氨水（28%），浓盐酸，活性炭，碳酸钠（固体）。

四、实验步骤

在干燥的 100 mL 锥形瓶中，加入 5 g（0.037 mol）干燥的乙酰苯胺，垫上石棉网，用小火加热熔化。瓶壁上若有少量水汽凝结，用干净的滤纸吸去，冷却使熔化物凝结成块[1]。将锥形瓶置于冰浴中冷却后，迅速倒入 12.5 mL（22.5 g，0.19 mol）氯磺酸，立即塞上带有导气管的塞子，将氯化氢导入装有碱液的吸气装置中。

待反应缓和后，旋摇锥形瓶使固体物质溶解，然后在温水浴中加热 10 min 使反应完全。将反应瓶在冰水浴中充分冷却，于通风橱中充分搅拌下，将反应液慢慢倒入盛有 75 g 碎冰的烧杯中[2]，用少量冷水洗涤反应瓶，洗涤液倒入烧杯中。搅拌，将大块固体粉碎成颗粒小而均匀的白色固体[3]。抽滤，用少量冷水洗涤，收集粗产品。

将粗产品立即转入烧杯中[4]，在通风橱内，在不断搅拌下，慢慢加入 17.5 mL 浓氨水，立即发生放热反应并产生白色糊状物。加完后，继续搅拌 15 min，使反应完全。再加入 10 mL 水，在石棉网上用小火加热 10 min，不断搅拌，除去多余的氨，得到反应混合物。

将上述反应混合物倒入 50 mL 圆底烧瓶中，加入 3.5 mL 浓盐酸，在石棉网上用小火加热回流 0.5 h。冷却后，得到几乎澄清的溶液。若有固体析出，继续加热，使反应完全。如溶液呈黄色，加入少量活性炭煮沸 10 min，过滤。将滤液转入大烧杯中，在不断搅拌下慢慢加入粉状碳酸钠至碱性（约 4 g）[5]，在冰水浴中冷却，抽滤收集固体。用少量冰水洗涤，压干，收集产品（3～4 g），测熔点。

对氨基苯磺酰胺为白色针状晶体，熔点 163～164 ℃。

五、附注

[1] 氯磺酸与乙酰苯胺的反应相当激烈，乙酰苯胺凝结成块，可使反应缓和进行。

[2] 倒入速度必须缓慢，并充分搅拌，以免局部过热而使对乙酰氨基苯磺酰氯水解。

[3] 尽量洗去固体所夹杂和吸附的盐酸，否则，产物在酸性介质中放置时间过久，会很快水解。

[4] 粗制的对氨基苯磺酰氯久置容易分解，甚至干燥后也不可避免。

[5] 用碳酸钠中和滤液中的盐酸时，有二氧化碳产生，故应控制加入速度，并不断搅拌使其逸出。

六、思考题

1. 为什么在氯磺酸反应完成以后处理反应物混合物时，必须移到通风橱中，且在充分搅拌下缓缓倒入碎冰中？

2. 为什么苯胺要乙酰化后再氯磺化？能直接氯磺化吗？

3. 如何理解对氨基苯磺酰胺是两性物质？试用反应式表示其与稀酸和稀碱的作用。

实验三十五　甲基橙的制备

一、实验目的

1. 通过甲基橙的制备学习重氮化反应和偶合反应的实验操作。
2. 学习用冰盐浴控制温度的方法。
3. 巩固抽滤、洗涤、重结晶等基本操作。

二、实验原理

反应式：

$$H_2N\!-\!\!\left\langle\bigcirc\right\rangle\!-\!SO_3H \xrightarrow{NaOH} H_2N\!-\!\!\left\langle\bigcirc\right\rangle\!-\!SO_3Na \xrightarrow[HCl]{NaNO_2} \left[HO_3S\!-\!\!\left\langle\bigcirc\right\rangle\!-\!\overset{+}{N}\!\!\equiv\!\!N\right]Cl^-$$

$$\xrightarrow[HOAc]{C_6H_5N(CH_3)_2} \left[HO_3S\!-\!\!\left\langle\bigcirc\right\rangle\!-\!N\!\!=\!\!N\!-\!\!\left\langle\bigcirc\right\rangle\!-\!\underset{H}{\overset{}{N}}(CH_3)_2\right]^+OAc^-$$

$$\xrightarrow{NaOH} NaO_3S\!-\!\!\left\langle\bigcirc\right\rangle\!-\!N\!\!=\!\!N\!-\!\!\left\langle\bigcirc\right\rangle\!-\!NH(CH_3)_2$$

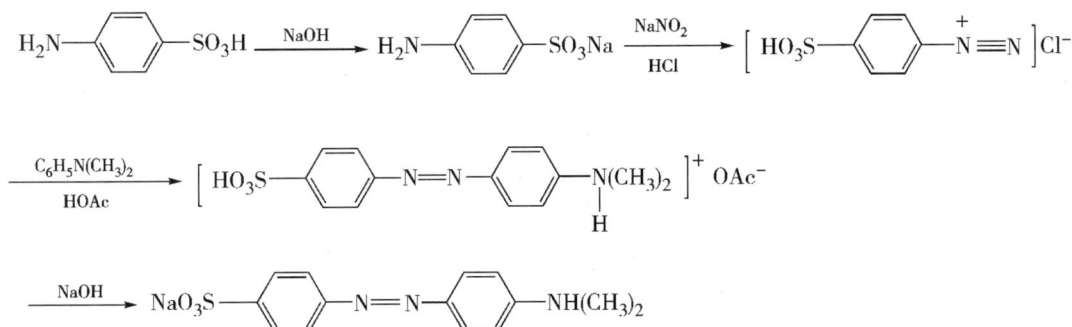

三、仪器与试剂

仪器：烧杯（250 mL），布氏漏斗，抽滤瓶，循环水泵，表面皿，滤纸。

试剂：对氨基苯磺酸晶体，亚硝酸钠，N,N-二甲苯胺，浓盐酸，氢氧化钠，乙醇，乙醚，冰醋酸，淀粉-碘化钾试纸。

四、实验步骤

1. 重氮盐的制备

在 250 mL 烧杯中放置 10 mL 5% 氢氧化钠溶液及 2.1 g 对氨基苯磺酸[1]晶体，温热使其溶解。另溶 0.8 g 亚硝酸钠于 6 mL 水中，加入上述烧杯内，用冰盐浴冷至 0～5 ℃。在不断搅拌下，将 3 mL 浓盐酸与 10 mL 水配成的溶液缓缓滴加到上述混合溶液中，并控制温度在 5 ℃以下。滴加完后用淀粉-碘化钾试纸检验[2]。然后在冰盐浴中放置 15 min，以保证反应完全[3]。

2. 偶合

在试管内混合 1.2 g N,N-二甲基苯胺和 1 mL 冰醋酸，在不断搅拌下，将此溶液慢慢加到上述冷却的重氮盐溶液中。加完后，继续搅拌 10 min，然后慢慢加入 25 mL 5% 氢氧化钠溶液，直至反应物变为橙色，这时反应液呈碱性，粗制的甲基橙呈细粒状沉淀析出[4]。将反应物在沸水浴上加热 5 min，冷至室温后，再在冰水浴中冷却，使甲基橙晶体析出完全。抽滤收集结晶，依次用少量水、乙醇、乙醚洗涤，压干。

若要得到较纯的产品，可用溶有少量氢氧化钠（0.1～0.2 g）的沸水（每克粗产物约需25 mL）进行重结晶。待结晶析出完全后，抽滤收集，沉淀依次用少量乙醇、乙醚洗涤[5]，得到橙色的小叶片状甲基橙结晶[6]，产量 2.5 g。

溶解少许甲基橙于水中，加几滴稀盐酸溶液，接着用稀的氢氧化钠溶液中和，观察颜色变化。

五、附注

［1］对氨基苯磺酸是两性化合物，酸性比碱性强，以酸性内盐存在，所以它能与碱作用成盐而不能与酸作用成盐。

［2］若试纸不显蓝色，尚需补充亚硝酸钠溶液。

［3］此时往往析出对氨基苯磺酸的重氮盐。这是因为重氮盐在水中可以电离，形成中性内盐，在低温时难溶于水而形成细小的晶体析出。

［4］若反应物中含有未作用的 N,N-二甲基苯胺醋酸盐，在加入氢氧化钠后，就会有难溶于水的 N,N-二甲基苯胺析出，影响产物的纯度。湿的甲基橙在空气中受光的照射后，颜色很快变深，所以一般得到紫红色粗产物。

［5］重结晶操作应迅速，否则，由于产物呈碱性，在温度高时易使产物变质，颜色变深。用乙醇、乙醚洗涤的目的是使其迅速干燥。

［6］甲基橙的另一制法：在 100 mL 烧杯中放置 2.1 g 磨细的对氨基苯磺酸和 20 mL 水，在冰盐浴中冷却至 0 ℃左右；然后加入 0.8 g 磨细的亚硝酸钠，不断搅拌，直到对氨基苯磺酸全溶为止。

在另一试管中放置 1.2 g 二甲苯胺（约 1.3 mL），使其溶于 15 mL 乙醇中，冷却到 0 ℃左右。然后在不断搅拌下滴加到上述冷却的重氮化溶液中，继续搅拌 2～3 min。在搅拌下加入 2～3 mL 1 mol/L 氢氧化钠溶液。

将反应物（产物）在石棉网上加热至全部溶解。先静置冷却，待生成相当多美丽的小叶片状晶体后，再于冰水中冷却，抽滤，产品可用 15～20 mL 水重结晶，并用 5 mL 酒精洗涤，以促其快干。产量约 2 g，产品为橙色。用此法制得的甲基橙颜色均一，但产量略低。

六、思考题

1. 什么叫偶合反应？试结合本实验讨论一下偶合反应的条件。

2. 在本实验中，制备重氮盐时为什么要把对氨基苯磺酸变成钠盐？本实验如改成下列操作步骤：先将对氨基苯磺酸与盐酸混合，再滴加亚硝酸钠溶液进行重氮化反应，可以吗？为什么？

3. 试解释甲基橙在酸碱介质中的变色原因，并用反应式表示。

实验三十六　安息香的辅酶合成

一、实验目的

1. 学习安息香辅酶合成的原理和方法。
2. 进一步掌握回流、冷却、抽滤等基本操作。
3. 了解酶催化的特点。

二、实验原理

芳香醛在氰化钠（钾）作用下，分子间发生缩合，生成二苯羟乙酮或称安息香的反应，称为安息香缩合。最典型的例子是苯甲醛的缩合。

除氰离子外，噻唑生成的季铵盐也可以对安息香缩合起催化作用，用有生物活性的维生素 B_1 的盐酸盐代替氰化物催化安息香缩合反应，反应条件温和、无毒且产率高。维生素 B_1 又称硫胺素或噻胺，是一种辅酶，常用作生物化学反应的催化剂。因此，本实验选择辅酶维生素 B_1 作催化剂合成安息香。反应式如下：

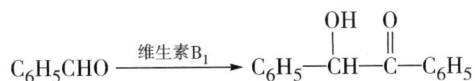

$$C_6H_5CHO \xrightarrow{\text{维生素}B_1} C_6H_5-\overset{OH}{\underset{}{C}}H-\overset{O}{\overset{\|}{C}}-C_6H_5$$

三、仪器与试剂

仪器：圆底烧瓶（100 mL），烧杯（250 mL），球形冷凝管，普通温度计，水浴锅，布氏漏斗，抽滤瓶，水泵，安全瓶，玻璃棒。

试剂：苯甲醛（新蒸），维生素 B_1，95％乙醇，10％氢氧化钠，pH 试纸，活性炭。

四、实验步骤

在 100 mL 圆底烧瓶中加入 1.8 g 维生素 B_1、5 mL 蒸馏水和 15 mL 95％乙醇，将烧瓶置于冰水中冷却。同时取 5 mL 10％氢氧化钠溶液放入一支试管中，也置于冰水中冷却[1]。在冰浴冷却下，将冷透的氢氧化钠溶液在 10 min 内滴加至维生素 B_1 溶液中，并不断摇荡，调节溶液 pH 为 9～10，此时溶液呈黄色。

去掉冰水浴，加入 10 mL（10.4 g，0.1 mol）新蒸馏的苯甲醛[2]，装上回流冷凝管，加几粒沸石，将混合物置于水浴中温热 1.5 h，水浴温度保持在 60～75 ℃，切勿将混合物加热至剧烈沸腾，此时反应混合物呈橘黄或橘红色均相溶液。将反应混合物冷却至室温，析出浅黄色晶体。将烧瓶置于冰浴中冷却，使结晶完全。若出现油层，重新加热使其变成均相，再慢慢冷却结晶。必要时可用玻璃棒摩擦瓶壁或投入晶种。抽滤，用 50 mL 冷水分两次洗涤结晶，将粗产物用 95％乙醇重结晶。若产物呈黄色，可加入少量活性炭脱色。抽滤，将得到的产品烘干（约 5 g），测熔点。

安息香为白色针状结晶，熔点为 137 ℃。

五、附注

［1］维生素 B_1 在酸性条件下是稳定的，但易吸水，在水溶液中易被氧化失效，在见光及铜、铁、锰等金属离子条件下均会加速氧化；在碱溶液中，噻唑环易开环失效。因此，反应前维生素 B_1 溶液和碱溶液必须用冰水冷透。

［2］苯甲醛中不能含有苯甲酸，用前最好经 5％碳酸氢钠溶液洗涤，再经减压蒸馏，并避光保存。

六、思考题

为什么加入苯甲醛后，反应混合物的 pH 要保持 9～10？溶液的 pH 过低有什么不好？

实验三十七　二苯乙二酮的制备

一、实验目的

1. 了解安息香氧化合成二苯基乙二酮的氧化剂的选择方法。
2. 熟练掌握回流、重结晶等实验操作。

二、实验原理

二苯乙二酮可以由安息香经氧化制得。氧化剂可以为浓硝酸，但反应生成的二氧化氮对环境污染严重。也可以使用 Fe^{3+} 作为氧化剂，铁盐被还原成 Fe^{2+}。本实验改进后，采用醋酸铜作为氧化剂，这样反应中产生的亚铜盐不断被硝酸铵重新氧化成铜盐，硝酸铵本身被还原成亚硝酸铵，后者在反应条件下分解为氮气和水。改进后的方法在不延长反应时间的情况下可明显节约试剂，且不影响产率及产物纯度。

反应如下：

$$
\underset{\substack{\\ C_6H_5-CH-C-C_6H_5}}{\overset{OH\quad O}{}} \xrightarrow[\text{NH}_4\text{NO}_2]{\text{Cu(OAc)}_2} \underset{\substack{\\ C_6H_5-C-C-C_6H_5}}{\overset{O\quad O}{}}
$$

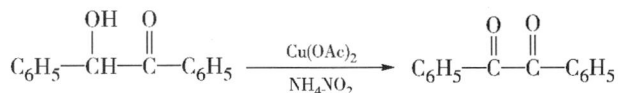

三、仪器与试剂

仪器：圆底烧瓶（50 mL），回流冷凝管，烧杯（50 mL），布氏漏斗，抽滤瓶，水泵，安全瓶，玻璃棒。

试剂：安息香，硝酸铵固体，乙酸，2％醋酸铜溶液，95％乙醇。

四、实验步骤

实验方法一：乙酸铜氧化法

在 50 mL 圆底烧瓶中加入 4.3 g（0.02 mol）安息香、12.5 mL 乙酸、2 g（0.025 mol）硝酸铵和 2.5 mL 2％乙酸铜溶液[1]，加入几粒沸石，装上回流冷凝管，缓慢加热并不时摇荡。反应物溶解后，开始放出氮气，继续回流 1.5 h 使反应完全。将反应混合物冷至 50～60 ℃，在搅拌下倾入 20 mL 冰水中，析出二苯乙二酮晶体。抽滤，用冷水充分洗涤，压干，得粗产品（3～3.5 g）。如要制备纯品，可用 95％的乙醇水溶液重结晶，测熔点。

二苯乙二酮熔点为 95 ℃，为黄色晶体。

实验方法二：氯化铁氧化法

在 100 mL 三颈烧瓶中加入 11 mL 乙酸、6 mL 水及 9.6 g FeCl₃·6H₂O，装上回流冷凝管，缓慢加热至沸腾，持续 5 min 后停止加热，待沸腾平息后，加入 2.5 g 安息香，搅拌，继续加热回流 50 min。停止反应后，加入 40 mL 水煮沸，再冷却反应液至室温，然后置于冰浴中，冷却结晶，得到淡黄色晶体。将反应混合物抽滤、洗涤，粗产物用 95％乙醇（约 10～15 mL）重结晶，趁热过滤，冷却析出黄色针状结晶。干燥，称量产品。

五、附注

[1] 2％乙酸铜的制备：溶解 2.5 g 水合硫酸铜于 100 mL 10％的乙酸水溶液中，充分搅拌后滤去碱性铜盐的沉淀。

六、思考题

用反应方程式表示乙酸铜和硝酸铵在安息香反应过程中的变化。

实验三十八 二苯乙醇酸的制备

一、实验目的

1. 学习芳香族 α-二酮转化为芳香族 α-羟基酸的原理和方法。
2. 掌握回流、重结晶、脱色、抽滤等基本操作技术。

二、实验原理

二苯乙二酮与氢氧化钾溶液回流，生成二苯乙醇酸盐，称为二苯乙醇酸重排。反应机理如下：

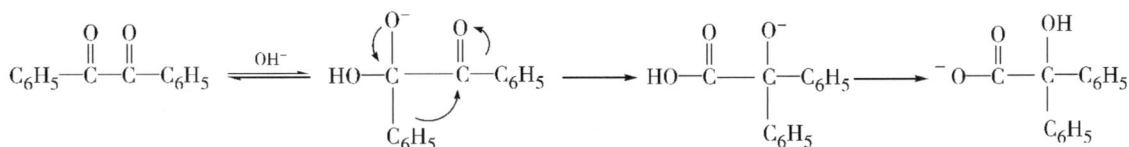

形成稳定的羧酸盐是反应的推动力。一旦生成羧酸盐，经酸化后即产生二苯乙醇酸。这一重排反应可普遍用于芳香族 α-二酮转化为芳香族 α-羟基酸，某些脂肪族 α-二酮也可发生类似的反应。由二苯乙二酮制备二苯乙醇酸的反应式为：

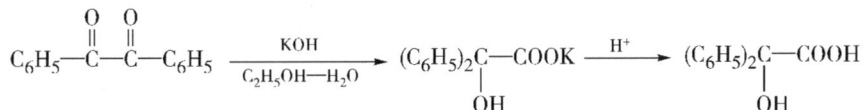

二苯乙醇酸也可直接由安息香与碱性溴酸钠溶液一步反应来制备，得到高纯度的产物。反应式如下：

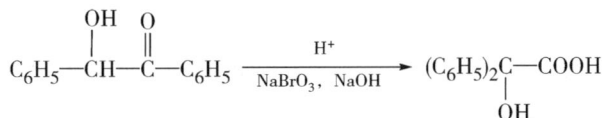

三、仪器与试剂

仪器：圆底烧瓶（50 mL），回流冷凝管，烧杯（50 mL），量筒（10 mL），水泵，抽滤瓶，布氏漏斗，滤纸，刚果红试纸，蒸发皿，电热套。

试剂：二苯乙二酮（自制），氢氧化钾，95％乙醇，浓盐酸，活性炭，安息香（自制），溴酸钠，氢氧化钠，浓硫酸。

四、实验步骤

实验方法一：由二苯乙二酮制备

在 50 mL 圆底烧瓶中溶解 2.5 g 氢氧化钾于 5 mL 水中，加入 2.5 g（0.012 mol）二苯乙二酮溶于 7.5 mL 95％乙醇的溶液，混合均匀后，装上回流冷凝管，在水浴上回流

15 min。然后将反应混合物转移到小烧杯中，在冰水浴中放置约 1 h[1]，直至析出二苯乙醇酸钾盐的晶体。抽滤，并用少量冷乙醇洗涤晶体。

将过滤出的钾盐溶于 70 mL 水中，用滴管加入 2 滴浓盐酸，少量未反应的二苯乙二酮成胶体悬浮物，加入少量活性炭并搅拌几分钟，然后用折叠滤纸过滤。滤液用 5% 的盐酸酸化至刚果红试纸变蓝（约需 25 mL），即有二苯乙醇酸晶体析出。在冰水浴中冷却，使结晶完全。抽滤，用冷水洗涤几次，以除去晶体中的无机盐，粗产物干燥（1.5～2 g）。若要进一步纯化，可用水重结晶[2]，并加少量活性炭脱色，测熔点。

实验方法二：由安息香制备

在一小蒸发皿中放置 5.5 g 氢氧化钠和 1.2 g（0.08 mol）溴酸钠溶于 12 mL 水中。将蒸发皿置于热水浴上，加热至 85～90 ℃。然后在搅拌下分批加入 4.3 g（0.02 mol）安息香，加完后保持此温度[3]并不断搅拌，中间需不断地补充少量水，以免反应物变得过于黏稠，直至取少量反应物于试管中，加水后几乎完全溶解为止。反应约需 1.5 h。

用 50 mL 水稀释反应混合物，置于冰浴中冷却后滤去不溶物。滤液在充分搅拌下，慢慢加入 40% 硫酸（1∶3 体积比），到恰好不释放出溴为止（13～14 mL）[4]。抽滤析出的二苯乙醇酸晶体，用少量水洗涤几次，压干，粗产物干燥后称量（3～3.5 g），测熔点。

二苯乙醇酸为无色晶体，熔点为 150 ℃。

五、附注

[1] 也可将反应混合物用表面皿盖住，放至下一次实验，二苯乙醇酸钾盐可在此段时间结晶。

[2] 粗产物也可用苯重结晶。

[3] 反应混合物勿超过 90 ℃，若反应温度过高，易导致二苯乙醇酸分解脱羧，增加副产物二苯甲醇。

[4] 为了减少通过终点的危险性，酸化前可取出 5～6 mL 滤液于试管中，剩余物用硫酸酸化至释放出微量的溴，然后从试管中加入少量事先取出的滤液除去。

六、思考题

如果二苯乙二酮用甲醇钠在甲醇溶液中处理，经酸化后应得到什么产物？写出产物的结构式和反应机理。

实验三十九　聚苯乙烯的制备

一、实验目的

1. 掌握聚苯乙烯乳液聚合的原理和方法。
2. 进一步熟练磁力搅拌器的使用及回流操作。
3. 了解聚合反应的比例及各组分的作用。

二、实验原理

聚苯乙烯易加工成型，具有透明、廉价、刚性、绝缘、印刷性好等优点，在轻工业市场应用广泛，如日用装潢、照明指示和包装等方面。因其良好的绝缘和隔热保温性，可用于制作各种仪表外壳、光学化学仪器零件、电容器介质层等。其具有很好的压缩性，用于粉类和乳液类化妆品时，可改善粉的黏附性能，使皮肤具有光泽和润滑感，是代替滑石粉和二氧化硅的高级填充剂。

苯乙烯极易在热作用下形成自由基，进行自由基聚合，或在自由基引发剂、离子型催化剂存在下聚合生成聚苯乙烯。工业上的主要生产方法有本体聚合、悬浮聚合和乳液聚合。本实验采用乳液聚合。

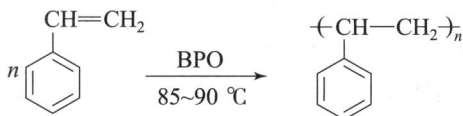

$$n \underset{}{\overset{CH=CH_2}{\bigcirc}} \xrightarrow[85\sim90\ ℃]{BPO} \underset{}{\overset{(CH-CH_2)_n}{\bigcirc}}$$

乳液聚合主要发生在胶束和乳胶粒内，乳胶粒通过胶束成核和均相成核两种方式生成。乳液聚合分为四个阶段。

1. 分散阶段

此阶段未加入引发剂，随着单体的加入，在搅拌作用下，单体分散成珠滴。部分乳化剂分子被吸附在珠滴表面，起稳定保护作用。由于胶束的增溶作用，部分水相中单体被吸收，形成增溶胶束。单体、乳化剂在水相、单体珠滴及胶束（增溶胶束）三者间达到动态平衡。

2. 乳胶粒生成阶段

当引发剂加入反应体系后，在适当的反应温度下，引发剂分解形成自由基，扩散进入增溶胶束，并在其中引发聚合，生成乳胶粒，此阶段以胶束消失作为终点。

3. 乳胶粒长大阶段

引发剂继续在水相中分解出自由基，因为乳胶粒的数目要比单体珠滴的数目大得多，所以自由基主要向乳胶粒中扩散，在乳胶粒中引发聚合，使得乳胶粒不断长大。随着反应的进行，乳胶粒中单体不断被消耗，单体的平衡不断沿单体珠滴→水相→乳胶粒方向移动，致使单体珠滴中的单体逐渐减少，直至单体珠滴消失。

4. 聚合完成阶段

此阶段不仅胶束消失了，而且单体滴珠也不见了。在乳胶粒中进行的聚合反应只能消耗自身贮存的单体，而得不到补充。随着反应进行，由于 Trommsdorff 效应，反应常常出现加速现象，直至单体消耗完。

三、仪器与试剂

仪器：锥形瓶，量筒，温度计，磁力搅拌器，三颈烧瓶，吸管，布氏漏斗，循环水泵，抽滤瓶，玻璃棒，滤纸，石蕊试纸。

试剂：苯乙烯，聚乙烯醇（1.5%），引发剂（过氧苯甲酰，BPO），去离子水。

四、实验步骤

称取 0.3 g BPO 放于 100 mL 锥形瓶，量取 16 mL 苯乙烯（99.5%）加入锥形瓶中，振动，待 BPO 完全溶解于苯乙烯后，将溶液加入装有搅拌器、温度计和滴液漏斗的三颈烧瓶中，搅拌下[1]加入 20 mL 1.5% 的聚乙烯醇溶液，用 130 mL 去离子水分别冲洗锥形瓶和量筒后加入三颈烧瓶，20～30 min 内升温至 85～90 ℃[2]，在此温度下继续搅拌 1.5～2 h 后[3]，吸取少量颗粒进行观察，如颗粒变硬发脆，可结束反应。产品用布氏漏斗减压抽滤，并用热水冲洗数次，收集产品，烘干（50 ℃）。

聚苯乙烯为非晶态无规则聚合物，无固定熔点。

五、附注

[1] 反应时，搅拌要快并且均匀，使单体形成良好的珠状液滴。温度以 25～30 ℃ 为宜。温度过高，副产物多；过低，产物发黏，不易过滤和洗涤。

[2] 80 ℃ 保温阶段是实验成败的关键阶段，此时聚合热逐渐放出，油滴开始变黏，易发生黏连，需密切注意温度和转速的变化。

[3] 如果聚合过程中发生停电或聚合物黏在搅拌棒上等异常现象，应及时降温终止反应并倾出反应物，以免造成仪器报废。

六、思考题

1. 本实验中能否用本体聚合？本体聚合有哪些缺点？
2. 本实验中为什么要加聚乙烯醇？其作用是什么？

实验四十 2,4-二氯苯氧乙酸

一、实验目的

1. 掌握 2,4-二氯苯氧乙酸的制备方法。
2. 了解各种氯化反应的原理及操作方法。
3. 练习多步合成。

二、实验原理

2,4-二氯苯氧乙酸（2,4-Dichlorophenoxy Acetic Acid，又名 2,4-D）是一种农药，可以用作除草剂，用来除去谷类作物中的双子叶杂草；又可用作植物生长调节剂，用于防止番茄等的早期落花、落果，并可形成无籽果实；还能防止白菜在储运期间的脱叶，促进作物早熟增产，加速插条的生根等。通常以钠盐、铵盐的粉剂，酯类乳剂或液剂，油膏等形式使用。合成路线有两条：一是先氯化法，将苯酚先氯化，再与氯乙酸在碱性条件下作用而成；二是后氯化法，以苯酚和氯乙酸先作用，然后氯化而成。

为了了解各种氯化反应的原理及操作方法，本实验采用第二种路线，且分两步氯化的方法合成 2,4-二氯苯氧乙酸。即在碱存在下，氯乙酸和苯酚作用生成苯氧乙酸，后者首先以过氧化氢为氧化剂，用氯化氢进行氯化得到对氯苯氧乙酸，继而在弱酸条件下用次氯酸钠氯化制得 2,4-二氯苯氧乙酸。反应中得到的两个中间体苯氧乙酸和对氯苯氧乙酸也是重要的化工产品，前者既可以作为一种杀菌剂，又是制造染料、药物和杀虫剂的原料；后者也是一种植物生长调节剂，又名防落素，可减少农作物的落花和落果。反应式如下：

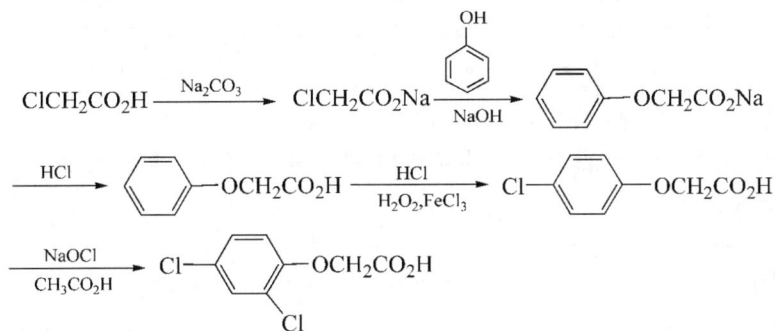

三、仪器与试剂

仪器：磁力搅拌器，三颈烧瓶（100 mL），锥形瓶（100 mL），温度计，滴液漏斗，球形冷凝管，水浴锅，分液漏斗，布氏漏斗，抽滤瓶，水泵，滤纸，刚果红试纸。

试剂：氯乙酸，苯酚，碳酸钠，35％氢氧化钠溶液，浓盐酸，冰醋酸，33％过氧化氢，氯化铁，次氯酸钠，乙醇，乙醚，四氯化碳。

四、操作步骤

（1）苯氧乙酸的合成：在 100 mL 三颈烧瓶中放置 3.80 g（0.04 mol）氯乙酸和 5.00 mL 水，装上搅拌器、滴液漏斗和回流冷凝管。启动搅拌器，慢慢滴加饱和碳酸钠溶液[1]至 pH 为 7~8（约 7 mL）。另取 2.50 g（0.027 mol）苯酚溶于 35% 的氢氧化钠溶液中至 pH 为 12。用沸水浴加热回流 0.5 h，若 pH 低于 8，可补加几滴 35% 的氢氧化钠，调节 pH 为 12，再反应 15 min。反应完毕后，将反应混合物趁热倒入锥形瓶中。在搅拌下滴加浓盐酸酸化至 pH 为 3~4，冷却至室温，用冰浴冷却，结晶完全后抽滤，粗产品用冷水洗涤 3 次，在 60~65 ℃下干燥，称重（3.5~4 g），计算收率并测定熔点。粗产品可不经纯化直接用于下一步反应。

苯氧乙酸为无色片状或针状结晶，熔点为 98~99 ℃，沸点为 285 ℃，微溶于水，溶于乙醇、乙醚、乙酸和苯等。

（2）对氯苯氧乙酸的合成：在装有搅拌器、滴液漏斗和回流冷凝管的 100 mL 三颈烧瓶中加入 3 g（0.02 mol）上述制备的苯氧乙酸和 10 mL 冰醋酸，启动搅拌并用水浴加热，待浴温升至 55~60 ℃时，加入少许（0.02 g）三氯化铁和 10 mL 浓盐酸[2]。搅拌后，在 10 min 内慢慢滴加 3 mL 33% 的过氧化氢。滴完后，维持此温度搅拌反应 20 min，升温至瓶内固体全部溶解。冷却结晶完全后抽滤，粗产品用水洗涤 3 次，用 1:3 的乙醇-水混合试剂重结晶。干燥后称重（约 3 g），计算收率。

对氯苯氧乙酸为无色针状结晶，熔点为 158~159 ℃，微溶于水，溶于乙醇、乙醚等。

（3）2,4-二氯苯氧乙酸的合成：在 100 mL 锥形瓶中加入 1 g（0.006 6 mol）干燥的对氯苯氧乙酸和 12 mL 冰醋酸。搅拌溶解，冰浴冷却，在搅拌下慢慢加入 19 mL 5% 的次氯酸钠溶液[3]，加完后撤掉冰浴，待温度自然升至室温后保持 5 min，反应液颜色变深。再向锥形瓶中加入 50 mL 水，然后用 6 mol/L 盐酸酸化至刚果红试纸变蓝。转入分液漏斗，用 50 mL 乙醚分两次萃取反应物。合并乙醚萃取液，先用 15 mL 水洗涤，再用 15 mL 10% 碳酸钠溶液小心地萃取产物（注意放气），静置分层，回收醚层。将碱性萃取液转移至烧杯中，加入 25 mL 水，再用盐酸酸化至刚果红试纸变蓝，冷却，抽滤。用冷水洗涤两次，干燥后称重（约 0.7 g），计算收率。粗品用四氯化碳重结晶。

2,4-二氯苯氧乙酸为白色晶体，熔点为 138 ℃，难溶于水，溶于乙醇、乙醚和丙酮等有机溶剂，能溶于碱。

五、附注

[1] 为防止 $ClCH_2COOH$ 水解，先用饱和 $NaCO_3$ 溶液使之成盐，并且加碱的速度要慢。

[2] 开始滴加时，可能有沉淀产生，不断搅拌后又会溶解，盐酸不能过量太多，否则会生成锌盐而溶于水。若未见沉淀生成，可再补加 2~3 mL 盐酸。

[3] 若次氯酸钠过量，会使产量降低。也可以直接用市售洗涤漂白剂，不过由于次氯酸钠不稳定，所以常会影响反应。

六、思考题

1. 合成苯氧乙酸时有醚键生成，这个反应叫什么？

2. 该实验的亲核取代反应是在碱条件下进行的，若碱大大过量，对实验是否有利？

3. 为什么在该反应进行过程中 pH 会降低？

4. 写出使用过氧化氢来氧化氢氯酸，从而实现氯化反应的历程。

5. 该反应所使用的冰乙酸起什么作用？所用的三氯化铁又起什么作用？

6. 为什么本实验的氯原子选择进入对位？

7. 根据学过的知识，总结进行氯化反应的方法。

8. 为什么 2,4-二氯苯氧乙酸的制备反应结束后，要先加入一定量水，然后进行酸化和萃取？若不加水，是否可以直接酸化和萃取？

第五部分　天然有机化合物的提取

　　天然有机化合物的提取、分离、鉴定及结构表征是研究天然产物中有效成分时必不可少的内容。研究天然有机化合物时，首先要将目标化合物提取出来，但多数是得到多种物质组成的混合物，因此要经过一系列的分离，才能得到单一组分。天然产物中，有机化合物的提取方法很多，而且大多方法简单易做，常用的主要有五大类：压榨法、溶剂提取法（表 5-1）、水蒸气蒸馏法、升华法、超临界流体萃取法。

表 5-1　有效成分及其较适用的提取溶剂

成分的极性	成分的类型	提取溶剂
强亲水性	蛋白质、果胶、糖类、氨基酸等	水
亲水性	极性很大的苷、单糖类、鞣质、生物碱等	丙酮、乙醇、甲醇
中等极性	强心苷、黄酮苷皂苷、蒽醌苷等	乙酸乙酯、正丁醇
亲脂性	苷元、游离生物碱、树脂、长链醛/酮/醇/醌/酸等	乙醚、氯仿
强亲脂性	挥发性油、油脂、蜡、脂溶性色素、甾醇类等	石油醚、己烷

　　溶剂提取法是天然有机化合物提取最常用的方法之一。其利用的是"相似相溶"原理，选用哪种的溶剂，取决于被提取成分的化学结构、溶解性及溶剂的性质。

实验四十一　从牛奶中分离蛋白质和乳糖

一、实验目的

1. 学习从胶体中提取某一类物质的方法。
2. 学习从牛奶中分离蛋白质和乳酸的原理和操作方法。

二、实验原理

　　牛奶中含蛋白质 5%～6%，其中主要成分为酪蛋白（约 4%），其余为乳清蛋白和乳球蛋白；含乳糖 4%左右；含脂肪 4%～5%；还含有磷脂类，胆甾醇，维生素 A、D 和少量的无机盐等。欲分离酪蛋白，可以调节牛乳液 pH 至酪蛋白等电点[1]，使之析出。乳清中的乳糖可通过加乙醇除去。因乳糖不溶于乙醇，故当乙醇混入乳糖水溶液时，乳糖便被结晶析出。

三、仪器与试剂

　　仪器：锥形瓶（100 mL），恒温水浴，100 ℃温度计，吸滤瓶，水泵，砂芯漏斗。

试剂：新鲜脱脂牛奶 50 mL，冰醋酸，95％乙醇，活性炭，碳酸钙粉末。

四、实验步骤

（一）分离酪蛋白

取 50 mL 新鲜脱脂牛奶于 100 mL 烧杯中，在水浴上加热至 40 ℃（不得加热过度），在不断搅拌下徐徐加入稀乙酸溶液（即 1 体积冰醋酸用 10 体积水稀释）。当酪蛋白开始凝聚时，可用精密试纸检查，如 pH 达到 4.6～4.8，停止加酸，切勿加酸过量[2]。搅拌，静置片刻，倾出上层清液于小烧杯中[3]，并立即加 1.5 g 碳酸钙粉末于清液中，以除去过量的醋酸。搅拌几分钟，留作分离乳糖。

将酪蛋白抽滤，于 55 ℃ 以下烘箱内烘干。

（二）乳糖的分离

将上述乳清液加热，使其平稳沸腾约 10 min，以便使其余蛋白质沉淀。趁热用砂芯漏斗（最好用铺有硅藻土的布氏漏斗）抽滤，滤液移至小烧杯内，将其浓缩至 15～20 mL。然后于此热溶液中加入 40 mL 95％乙醇和约 0.2 g 活性炭，混合均匀。立即抽滤，置滤液于 100 mL 锥形瓶内，加塞后过夜。使其结晶（有时需几天才能完成结晶），滤出母液，再用酒精洗涤 1～2 次，得乳糖结晶。

五、附注

[1] 等电点时，蛋白质所带正、负电荷相等，呈电中性，此时酪蛋白的溶解度最小，会从牛奶中沉淀出来。

[2] 过量的酸会促使牛奶中的乳糖水解为半乳糖和葡萄糖，难以将酪蛋白分离。

[3] 若进行离心，效果会更明显。

六、思考题

本实验中理论上得到的酪蛋白应该是纯白色的，但实际得到的表面会有一些黄色，为什么？

实验四十二　植物叶蛋白的提取和纯化

一、实验目的

1. 掌握植物叶中蛋白质的提取、分离、纯化的方法。
2. 掌握研磨、匀浆、离心、水浴等基本操作。

二、实验原理

利用蛋白质加热变性的作用在不同温度的水浴条件下沉淀叶绿蛋白及叶白蛋白。

三、仪器与试剂

仪器：研钵，匀浆机，离心机，水浴锅。

试剂：植物叶片（材料可选取四季蔬菜和农作物叶片）。

四、实验步骤

称取 50 g 植物叶片鲜样，剪碎，在研钵中加少量石英砂研磨成浆，或用匀浆机在 12 000 r/min 下进行。匀浆[1]，分批共加入 50 mL 水搅拌 1 min，四层纱布过滤，挤压[2]。滤液置于 50 ℃水浴中加热 5～10 min，得叶绿蛋白絮状沉淀。3 000 r/min 下离心分离，上清液再置于 90 ℃水浴中加热 5～10 min，得白色叶白蛋白絮状沉淀。产品叶绿蛋白和叶白蛋白可用作食品、饮料、饲料等蛋白质添加剂，还可以用于酶制剂如 SOD 的提取原料。

五、附注

[1] 让植物叶蛋白充分释放出来。
[2] 蛋白质分子比较大，通过挤压将蛋白质充分过滤出来。

六、思考题

从植物中提取蛋白质还有哪些方法？

实验四十三 从茶叶中提取咖啡碱

一、实验目的

1. 学习从茶叶中提取咖啡碱的基本原理和方法。

2. 掌握用索氏（Soxhlet）提取器提取和用升华法提纯有机物的原理和操作方法。

3. 了解咖啡碱的一般性质。

二、实验原理

茶叶中含有多种生物碱，其中以咖啡碱为主，占 1％～5％。另外，还含有 11％～12％ 的单宁酸（又名鞣酸），以及 0.6％的色素、纤维素、蛋白质等。

咖啡碱为嘌呤的衍生物（1,3,7-三甲基-2,6-二氧嘌呤），其结构式为：

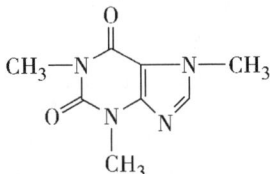

咖啡碱是弱碱性化合物，可溶于氯仿（12.5％）、水（2％）及乙醇（2％）等。单宁酸 也易溶于水和乙醇，因此，在用乙醇和水提取咖啡碱时，单宁酸即混于提取液中，但可加入 碱使单宁酸中和成盐而与咖啡碱分离。

无水咖啡碱熔点为 238 ℃，含结晶水的咖啡碱为无色针状晶体，在 100 ℃时失去结晶 水，并开始升华，120 ℃时显著升华，178 ℃时迅速升华，利用这一性质可纯化咖啡碱。

本实验利用乙醇为溶剂，在索氏提取器中连续抽提茶叶中的咖啡碱，然后蒸去溶剂得粗 产品。粗咖啡碱中还含有其他生物碱和杂质，利用升华法可进一步提纯。

咖啡碱具有刺激心脏、兴奋大脑神经和利尿等作用，因此可作为中枢神经兴奋药。它也 是复方阿司匹林等药物的组分之一。现代制药工业多用合成方法来制得咖啡碱。

三、仪器与试剂

仪器：索氏提取器，水浴锅，烧瓶（250 mL），直形冷凝管，接液管，三角瓶（150 mL）， 蒸发皿，表面皿，漏斗，具支试管，电热套。

试剂：干茶叶，生石灰粉，95％乙醇，滤纸筒，滤纸，脱脂棉，5％鞣酸，10％盐酸， 碘的碘化钾溶液，30％过氧化氢，浓氨水。

四、实验步骤

（一）仪器装置

从固体中提取某种物质，最简单的方法是加入适当的溶剂长时间浸提，将所需物质浸出。此法无须特殊仪器，简便易行，但需大量溶剂且耗时较长，效率不高。利用索氏提取器可克服上述不足。

索氏提取器又称脂肪提取器，由烧瓶、抽提筒、回流冷凝管三部分组成。装置如图 5-1 所示。

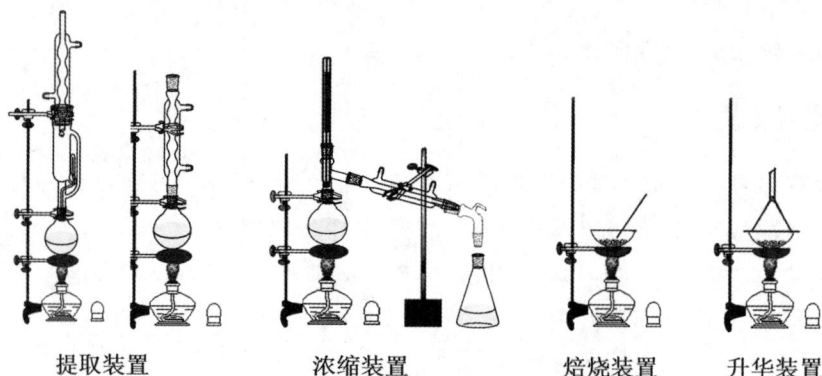

提取装置　　　　浓缩装置　　　　焙烧装置　　　升华装置

图 5-1　咖啡碱提取及分离提纯装置

索氏提取器是利用溶剂的回流及虹吸原理，使固体物质每次都被纯的热溶剂所萃取，减少了溶剂用量，缩短了提取时间，因而效率较高。萃取前，应先将固体物质研细，以增加溶剂浸溶的面积。然后将研细的固体物质装入滤纸筒内[1]，再置于抽提筒中，烧瓶内盛溶剂，并与抽提筒相连，抽提筒上端接冷凝管。溶剂受热沸腾，其蒸气沿抽提筒侧管上升至冷凝管，冷凝为液体，滴入滤纸筒中，并浸泡筒中样品。当浸提液液面超过虹吸管最高处时，即虹吸回流至烧瓶，从而萃取出溶于溶剂中的部分物质。如此多次重复，即可把要提取的物质富集于烧瓶内。提取液经浓缩除去溶剂后，即得产品，必要时可用其他方法进一步纯化。

（二）咖啡碱的提取

1. 加热提取

称取 10 g 干茶叶，装入滤纸筒内，轻轻压实，滤纸筒上口盖一片圆形滤纸或一小团脱脂棉，置于抽提筒中。圆底烧瓶内加入 120 mL 95%的乙醇（占烧瓶容积的 1/2～2/3），用水浴加热乙醇至沸腾，连续抽提 2～3 h，待冷凝液刚刚虹吸下去时，立即停止加热；或将 10 g 茶叶装入 150 mL 的圆底烧瓶中，再加入 80 mL 95%的乙醇，加热回流 40～60 min 后停止加热。

本实验也可以采用直接提取法：向 150 mL 的圆底烧瓶中加入 10 g 干燥的茶叶粉，然后加入 80 mL 左右的 95%乙醇，装上冷凝管，加热回流 40 min。停止加热后，通过纱布过滤，收集滤液。

2. 浓缩提取液

将仪器改装成蒸馏装置，水浴加热回收大部分乙醇，将提取液浓缩到 4～5 mL 为止。

3. 焙炒

把浓缩得到的提取液倒入蒸发皿，拌入 4 g 生石灰[2]，搅拌均匀，在酒精灯上蒸干。最后将蒸发皿移至石棉网上小心焙炒片刻，使水分全部除去[3]，立即停止加热。冷却后将沾在蒸发皿边上的粉末用滤纸擦去，以免升华时污染产物。

4. 升华

把一张刺有许多小孔的滤纸盖在蒸发皿上，再用直径和蒸发皿相近的漏斗罩上，在其颈口上塞上一点疏松棉花[4]。装置如图 2-9（a）所示。隔石棉网或用电热套小火加热蒸发皿，使咖啡碱升华[5]。咖啡碱通过滤纸孔遇到漏斗壁冷凝为固体，附着于漏斗内壁和滤纸上。当加热到纸孔上出现的白色针状结晶物不再增长时，停止加热。待冷却至室温后揭开漏斗和滤纸，仔细地把附在纸上及器皿周围的咖啡碱刮入表面皿中。将蒸发皿内的残渣加以搅拌，重新放好滤纸，用较高的温度加热再升华一次。此时的温度也不宜太高，否则蒸发皿内大量冒烟，产品既受到污染，又遭损失。合并两次升华所收集的咖啡碱，测定熔点。

如产品仍含杂质，可用半微量减压升华管再次升华。装置如图 2-9（c）所示。将粗咖啡碱放入具支试管的底部，把装好的仪器放入油浴中，浸入的深度以指形冷凝管的底部与油面在同一水平面为宜。冷凝管内通入冷却水，开启水泵进行抽气减压，并加热油浴至180～190 ℃，咖啡碱升华凝结于指形管上。升华完毕，小心取出冷凝管，将咖啡碱刮到洁净的表面皿上。

（三）咖啡碱的鉴定

1. 与生物碱试剂作用[6]

取咖啡碱结晶的一半于小试管中，加 4 mL 水，微热，使固体溶解。分装于两支试管中，一支加入 1～2 滴 5％鞣酸溶液，记录反应现象。

另一支加 1～2 滴 10％盐酸（或 10％硫酸），再加入 1～2 滴碘的碘化钾试剂，记录现象。

2. 氧化[7]

在蒸发皿剩余的咖啡碱中加 30％的过氧化氢 8～10 滴，置于水浴上蒸干，记录残渣的颜色。再加一滴浓氨水于残渣上，观察并记录颜色有何变化。

五、附注

[1] 滤纸筒的直径要略小于抽提筒的内径，其高度一般要超过虹吸管，但是样品不得高于虹吸管。如无现成的滤纸筒，可自行制作。其方法是：取脱脂滤纸一张，卷成圆筒状（其直径略小于抽提筒内径），底部折起而封闭（必要时可用线扎紧），装入样品，上口盖以滤纸或脱脂棉，以保证回流液均匀地浸透被萃取物。

[2] 生石灰的作用是中和酸性及吸收水分。

[3] 如留有少量水分，升华开始时，将产生一些烟雾，污染器皿和产品。

[4] 蒸发皿上覆盖刺有小孔的滤纸是为了避免已升华的咖啡碱回落入蒸发皿中，纸上的小孔应保证蒸气通过。漏斗颈部塞棉花，是为了防止咖啡碱蒸气逸出。

[5] 在升华过程中必须始终严格控制加热温度，温度太高，将导致被烘物和滤纸碳化，一

些有色物质也会被带出来，影响产品的质和量。进行再次升华时，也应严格控制加热温度。

[6] 咖啡碱属于嘌呤类衍生物，可被生物碱试剂（如鞣酸、碘的碘化钾试剂、饱和苦味酸等）沉淀。

[7] 咖啡碱可被过氧化氢、氯酸钾等氧化剂氧化，生成四甲基嘌呤（将其用水浴蒸干，呈玫瑰红色），后者与氨水反应即生成紫色的紫脲胺。该反应是嘌呤类生物碱的特性反应。咖啡碱被氧化的反应过程如下：

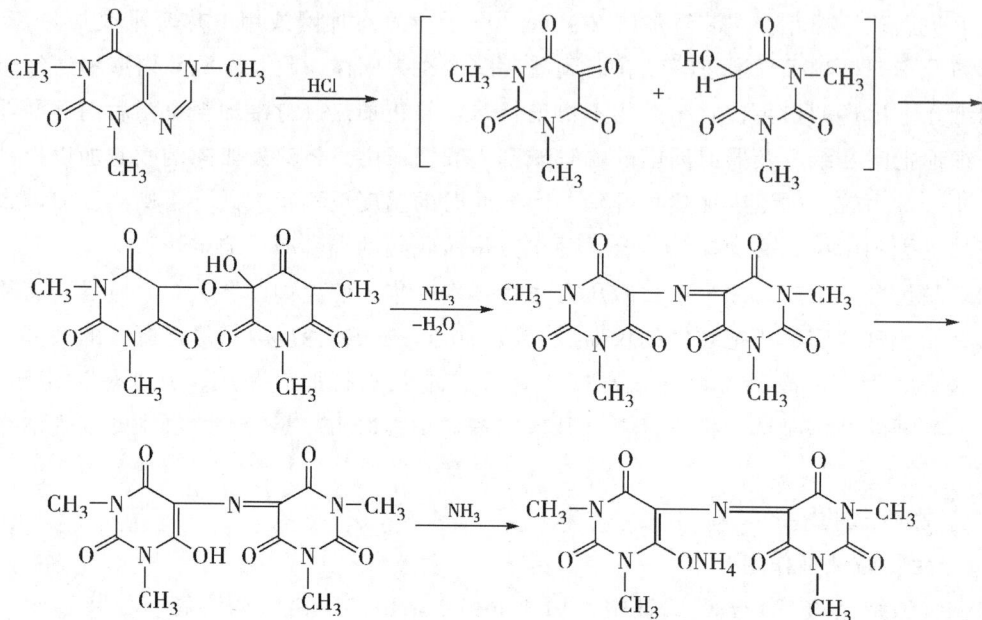

六、思考题

1. 试叙述索氏提取器的萃取原理。与一般的浸泡萃取比较，索氏提取器的萃取有哪些优点？

2. 实验进行升华操作时，应注意什么？什么样的固体物质才可采用升华方法加以精制？

3. 分析咖啡碱的分子结构，指出哪一个氮原子碱性最强。

4. 咖啡碱是一种中枢神经兴奋剂，可以提神醒脑。但是，马克思主义辩证唯物法认为，凡事都具有两面性，请查阅资料了解摄入过多咖啡碱的坏处，并从中体会把握好事情的"度"的重要性，养成积极乐观的生活态度。

实验四十四　从橘皮中提取果胶

一、实验目的

1. 了解从果皮中提取果胶的基本原理和方法。
2. 进一步熟悉抽滤、浓缩等基本操作。
3. 通过实验，了解农副产品综合利用的意义。

二、实验原理

果胶物质是一类植物胶，属多糖类，存在于高等植物叶、茎、根的细胞壁之间，在橙属水果的皮、苹果渣、甜菜渣中含量达 20％～50％。果胶物质包括原果胶、可溶性果胶及果胶酸等数种多糖。原果胶是可溶性果胶与纤维素缩合成的高分子化合物，不溶于水，在稀酸或酶的作用下能水解成可溶性果胶。

可溶性果胶（简称果胶，也称果胶酯酸）的基本成分是 α-D-半乳糖醛酸甲酯及部分 α-D-半乳糖醛酸的缩合物。

果胶为粉末状物质，呈黄或白色，无臭，能溶于 20～40 倍水中成黏稠状溶液，不溶于乙醇及一般有机溶剂。本实验将橘皮用稀酸水解浸提，再用乙醇将可溶性果胶从水浸提液中沉淀析出。

果胶用途广泛，主要用作食品的凝冻剂、增稠剂。医药上用以治疗胃肠溃疡，还因它与铅、汞等形成不溶性盐，故也可用于重金属中毒的解毒剂。

三、仪器与试剂

仪器：烧杯（250 mL、150 mL），量筒（50 mL），温度计（100 ℃），纱布，超滤装置，剪刀，蒸发皿。

试剂：10％盐酸，95％乙醇，新鲜橘皮，活性炭，pH 试纸。

四、实验步骤

将 20 g 新鲜橘皮切成 1～2 mm 宽的细条，用 60 ℃左右的热水洗涤两次[1]。将橘皮置于 250 mL 烧杯中加蒸馏水 40 mL，用 10％盐酸将溶液调至 pH＝2（用 pH 试纸检验），不断搅拌下加热至 75 ℃[2]，在此温度下水解 1.5 h（注意补充适量水，以使水保持 40 mL）。趁热[3]用三层纱布挤滤出提取液于 150 mL 烧杯中，弃去滤渣，保留滤液。加 95％乙醇 50 mL 于滤液中，此时沉淀出絮状果胶[4]。滤出液体，即得果胶。将果胶用冷水洗涤一次，弃去液体。果胶加 20 mL 蒸馏水、0.5 g 活性炭[5]，于 70 ℃温度下脱色 10 min，趁热抽滤。将滤液倒入蒸发皿中，再加 30 mL 95％乙醇再次沉淀、过滤，制得白色果胶[6]。

五、附注

[1] 洗去可溶性糖和杂质。

〔2〕制备果胶必须保持低温，整个过程不宜高于 75 ℃，否则颜色会变深。

〔3〕温度下降后，果胶水溶性降低。

〔4〕用作沉淀的有机溶剂，应选择无毒的，以保证果胶的安全使用。

〔5〕根据用途不同，有时制备果胶时不加活性炭脱色。如作饮料着色剂，则需保留果胶原有的橘黄色。因此果胶有白色和黄色之分。

〔6〕果胶为高分子糖类，黏度大，成型难。这里所得果胶，可用稀乙醇洗涤，低温真空烘干，得胶状果胶。若用真空喷雾干燥，可得粉状果胶，通常成品为粗粒状。

六、思考题

1. 果胶具有哪些性质和用途？

2. 提取果胶时，为什么要选用无毒的乙醇溶剂沉淀？

3. 果胶提取过程中为什么温度不能过高？

实验四十五　油料作物中油脂的提取和油脂的性质

一、实验目的

1. 学习油脂提取的原理和方法，了解油脂的一般性质。
2. 掌握索氏提取器的操作方法。

二、实验原理

油脂是动植物组织的重要组成部分，其含量的高低是油料作物品质的重要指标。

油脂是高级脂肪酸甘油酯的混合物，其种类繁多，易溶于乙醚、苯、汽油、石油醚、二硫化碳等脂溶性有机溶剂。本实验以石油醚作溶剂，用索氏提取器提取油脂。在提取过程中，除油脂外，一些脂溶性的色素、游离脂肪酸、磷脂、固醇及蜡等类脂也一并被浸提出来。所以提取物为粗油脂。

油脂在酸、碱或酶的存在下，易被水解成甘油和高级脂肪酸。例如：

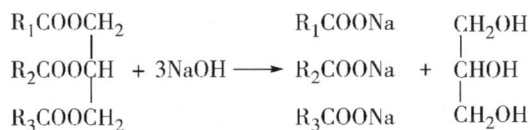

$$\begin{array}{c} R_1COOCH_2 \\ | \\ R_2COOCH \\ | \\ R_3COOCH_2 \end{array} + 3NaOH \longrightarrow \begin{array}{c} R_1COONa \\ R_2COONa \\ R_3COONa \end{array} + \begin{array}{c} CH_2OH \\ | \\ CHOH \\ | \\ CH_2OH \end{array}$$

高级脂肪酸的钠盐即为通常所用的肥皂。当加入饱和食盐水后，由于肥皂不溶于盐水而被盐析，甘油则溶于盐水，据此可将甘油和肥皂分开。

生成的甘油可用硫酸铜的氢氧化钠溶液检验，得绛蓝色溶液。肥皂与无机酸作用则游离出难溶于水的高级脂肪酸。

$$RCOONa + HCl \longrightarrow RCOOH + NaCl$$

由于高级脂肪酸的钙盐（钙皂）、镁盐（镁皂）不溶于水，故常用的肥皂溶液遇钙、镁离子后，就生成钙盐、镁盐沉淀而失效。因此，用高硬度的水洗衣服时，肥皂消耗多且不易洗净。

组成油脂的高级脂肪酸中，除硬脂酸、软脂酸等饱和脂肪酸外，还有油酸、亚油酸等不饱和脂肪酸。因此，不同油脂的不饱和度也不同，其不饱和程度可根据它们与溴或碘的加成反应进行定性或定量测定。

三、仪器与试剂

仪器：索氏提取器，恒温水浴，直形冷凝管，球形冷凝管，蒸馏头，接液管，温度计（100 ℃），锥形瓶，抽滤装置。

试剂：黄豆（或油菜籽、花生米、蓖麻籽等），菜油（或花生油），猪油、30％氢氧化钠，5％氢氧化钠，5％硫酸铜，10％氯化钙，10％硫酸镁，10％盐酸，四氯化碳，3％溴的四氯化碳溶液，饱和食盐水，石油醚（60～90 ℃），滤纸，滤纸筒。

四、实验步骤

（一）油脂的提取

先将样品置于烘箱中，在 100～110 ℃烘 3～4 h（有硬壳的样品，需将硬壳除去再烘干），冷却后，粉碎至颗粒小于 50 目（可过 50 目筛）。准确称取 5 g，装入烘干的滤纸筒（或滤纸包）内，上面盖一层滤纸，以防止样品溢出。

将索氏提取器及烧瓶洗净，烘干。冷却后，在已称重的烧瓶中加入其容积 1/2～1/3 的石油醚，把盛有样品的滤纸筒放在抽提筒内（滤纸筒上缘必须高于抽提筒的虹吸管）。按图 5-1 所示安装好仪器，实验加热提取 2～3 h（切勿用明火加热）。

提取完毕，撤去水浴，待石油醚冷却后，改为蒸馏装置，水浴加热回收石油醚。待温度计读数下降，即停止蒸馏。烧瓶中所剩浓缩物便是粗油脂。粗产品在 105 ℃烘干至恒重后，称重，计算样品中粗油脂的含量。

（二）油脂的化学性质

1. 油脂的皂化——肥皂的制备

（1）皂化。取 15 mL 油脂[1]于 100 mL 圆底烧瓶中，再加入 6 mL 乙醇[2]及 30 mL 30％氢氧化钠溶液，投入几粒沸石，装上球形冷凝管，加热回流 30 min（最后检查皂化是否完全[3]），即得菜油皂化的乙醇——肥皂溶液，留作后续实验用。

（2）盐析。皂化完全后，将皂化液倒入一盛有 30 mL 饱和食盐水的小烧杯中，边倒边搅拌，这时会有一层肥皂浮于溶液表面。冷却后，进行减压过滤（或用布过滤，并拧干），滤渣即为肥皂。滤液留作检验甘油实验。

2. 肥皂的性质

取少量所制的肥皂置于小烧杯中，加入 20 mL 蒸馏水，在沸水浴中稍稍加热，并不断搅拌，使其溶解为均匀的肥皂水溶液。

（1）取一支试管，加入 1～3 mL 肥皂水溶液，在不断搅拌下徐徐滴加 5～10 滴 10％盐酸溶液，观察现象，并说明产生此现象的原因。

（2）取两支试管，各加入 2 mL 肥皂水溶液，再分别加入 5～10 滴 10％氯化钙溶液和 10％硫酸镁（或氯化镁）溶液。观察有何现象，为什么？

（3）取一支试管，加入 2 mL 蒸馏水和 1～2 滴菜油，充分振荡，观察乳浊液的形成；另取一支试管，加入 2 mL 肥皂水溶液，也加入 1～2 滴菜油，充分振荡，观察有何现象。将两支试管静置数分钟后，比较两者稳定程度有何不同，为什么？

3. 油脂中甘油的检查

取两支试管，一支加入 1 mL 上述滤液，另一支加入 1 mL 蒸馏水做空白对照实验。然后在两支试管中各加入 5 滴 5％氢氧化钠溶液及 3 滴 5％硫酸铜溶液。比较两者颜色有何区别，为什么？

4. 油脂的不饱和性

在两支干燥试管中，分别加入 2 滴菜油和猪油，再各加入 10 滴四氯化碳，摇动试管，使其溶解。然后分别逐滴加入 3％的溴的四氯化碳溶液，边加边摇，直到溴的颜色不褪为止。记录两者所需溴的四氯化碳溶液的量，并比较它们的不饱和程度。

五、附注

［1］也可用其他动、植物油或本实验提取的粗油脂。

［2］由于油脂不溶于碱的水溶液，故皂化反应进行得很慢，加入乙醇可增加油脂的溶解度，使油脂与碱形成均匀的溶液，从而加速皂化反应的进行。

［3］检查皂化是否完全的方法为：取出几滴皂化液放在试管中，加入 5～6 mL 蒸馏水，加热振荡，如无油滴分出，表示已皂化完全。

六、思考题

1. 如何检验油脂的皂化是否完全？

2. 在油脂皂化反应中，氢氧化钠的作用是什么？乙醇的作用是什么？

3. 为什么肥皂能稳定油-水乳浊液？

4. 生物柴油是典型的"绿色能源"，大力发展生物柴油对生态文明建设具有积极的意义。制备生物柴油最根本的原料是油脂，请写出制备生物柴油的方程式。

实验四十六　食用色素辣椒红素的提取及鉴定

一、实验目的

1. 了解从红辣椒中提取辣椒红色素的原理和方法。
2. 进一步熟悉回流、抽滤、薄层层析、柱层析等基本操作。
3. 学习红外光谱鉴定有机化合物的方法。

二、实验原理

红辣椒中含有辣椒红素、辣椒玉红素和 β-胡萝卜素等几种色泽鲜艳的色素，其中以辣椒红素为主。这几种物质都是由 8 个异戊二烯单元组成的四萜类化合物，难溶于水和乙醇，易溶于石油醚、氯仿和二氯甲烷。在实验室中，常用二氯甲烷做溶剂从红辣椒中提取辣椒红素。用二氯甲烷提取的色素为上述几种物质的混合物，可通过薄层色谱和层析柱将它们分离。在薄层层析中，有三个斑点，R_f 值为 0.6 的较大色斑点为辣椒红素，R_f 值稍大的较小红色斑点为辣椒红玉素，R_f 值最大的黄色斑点是 β-胡萝卜素。层析柱时，以硅胶为吸附剂、以二氯甲烷为洗脱剂可比较容易地将三种物质分开。最后在红外光谱仪上作辣椒红素的红外光谱图，并将它与标准谱图比较，便可证明所得到的主要物质为辣椒红素。

辣椒红素是一种鲜红的天然食用色素，可用作食品的添加剂，其结构式为：

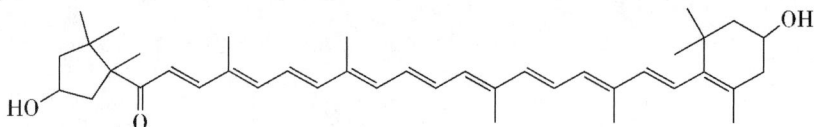

三、仪器与试剂

仪器：圆底烧瓶（50 mL），球形冷凝管，层析板，层析缸，层析柱，抽滤瓶，布氏漏斗，蒸馏装置。

试剂：二氯甲烷，硅胶 G，硅胶（60～200 目），干红辣椒。

四、实验步骤

（一）提取

装好回流装置，在 50 mL 圆底烧瓶中加入 3 g 磨细的红辣椒粉和 25 mL 二氯甲烷，放 2 粒沸石，回流 30 min。冷至室温后抽滤，除去固体物，得鲜红色滤液。将滤液用蒸馏法蒸去溶剂，即得粗产品。

（二）薄层层析分离

制备硅胶 G 板，用二氯甲烷溶解样品，点样，二氯甲烷展开，停止展开后，取出层析板，吹风机吹干，计算各色斑点的 R_f 值。

（三）层析柱分离

用二氯甲烷拌匀 12 g 硅胶（60～200 目）装柱，上面再装 0.5～1 cm 厚的无水硫酸钠，使二氯甲烷液面与硫酸钠齐平，上样，洗脱。随着洗脱的进行，可清晰地看到三个谱带，由下至上依次为 β-胡萝卜素、辣椒玉红素和辣椒红素，分别收集。

（四）辣椒红素的鉴定

① 最大吸收波长 λ_{max}。

取上述辣椒红素溶液 5 滴于一试管中，加入 5 mL 正己烷，并用正己烷做空白实验在紫外分光光度计上测其不同波长下的吸光度，找出其 λ_{max}。

② 取出上述辣椒红素溶液少量，在红外光谱仪上作红外光谱图，将谱图与标准谱图相比较。

五、注意事项

如果样点分不开或严重拖尾，可酌减点样量或用少量二氯甲烷稀释样品。

六、思考题

1. 三个色带分别是什么？解释其洗脱速度的差异。

2. 从天然产物提取是一种非常重要获得有机化合物的方法，它对人类生活、医疗服务、工业生产等有着重要的意义。从古至今也涌现出来很多鲜活的实例。最著名、我们也最熟悉的应该是青蒿素的提取。它是由我国著名的药学家屠呦呦经过数百次的实验和失败，从 200 多种中药中发现和提取的，这项工作为全球疟疾防治带来了革命性的突破，挽救了数百万人的生命。青蒿素的发现体现了老一辈科学家们哪些优秀的品质？从中我们又学到了什么？

实验四十七　从烟草中提取烟碱

一、实验目的

1. 熟悉烟碱提取的水蒸气蒸馏操作。
2. 掌握从烟草中提取烟碱的基本原理和方法，了解烟碱的一般性质。

二、实验原理

生物碱是生物体内一类含氮有机物的总称，生物碱种类繁多，结构复杂，多具有碱性。烟碱（又名尼古丁）是存在于烟草中的主要生物碱（含 2%～8%），它是由两个杂环（吡啶和四氢吡咯）构成的含氮碱，结构式为：

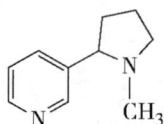

烟碱在常温下为无色或淡黄色的液体（沸点 246 ℃），可溶于水和许多有机溶剂。具有毒性，农业上常用作杀虫剂。

烟碱碱性很强，可以使酚酞溶液变红，遇酸可以成盐，所以烟碱常与柠檬酸和苹果酸成盐而存在于烟草中。提取时，常将烟草与无机强酸溶液共热，再加碱中和，使烟碱游离。

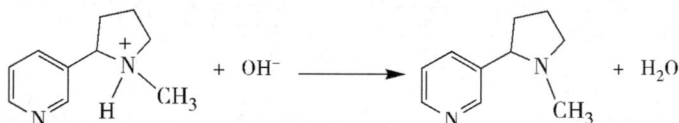

然后用有机溶剂萃取，蒸去溶剂后便得烟碱。因其具有挥发性，故可用水蒸气蒸馏法提取。

与其他生物碱一样，烟碱可以与许多生物碱沉淀剂如苦味酸、碘液、碘化汞钾溶液等发生沉淀反应。其中有的反应是成盐反应，有的生成分子复合物。沉淀反应可用于生物碱的精制、提取和鉴定。

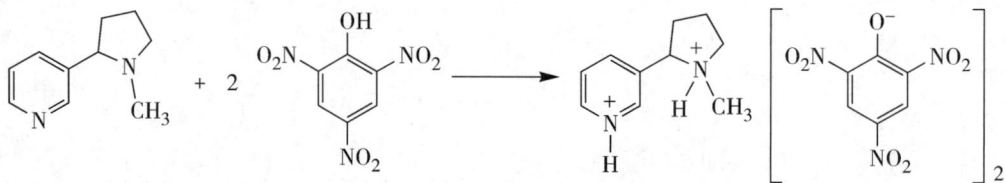

三、实验方法

（一）水蒸气蒸馏法

1. 仪器与试剂

仪器：水蒸气发生器，直形冷凝管，接液管，圆底烧瓶（250 mL），锥形瓶（50 mL），温度计（200 ℃）。

试剂：烟丝，10％硫酸，30％氢氧化钠，酚酞，0.5％高锰酸钾，10％鞣酸，饱和苦味酸溶液，20％醋酸，碘的碘化钾溶液，碘化汞钾试剂。

2. 提取

称取烟丝 5 g，置于 250 mL 烧杯中，加入 50 mL 10％硫酸，在酒精灯上加热煮沸 20 min，经常搅拌，同时注意补充水以保持液面不下降。稍冷却，加 30％ NaOH 溶液中和至明显碱性（用石蕊试纸检验）[1]。将混合物转移到 250 mL 圆底烧瓶中，放入 2～3 粒沸石。使用图 2-3 所示装置进行水蒸气蒸馏。待收集约 12 mL 馏出液时（即烟碱水溶液），停止蒸馏。馏出液分 6 份分别做性质实验。

3. 烟碱的性质

取 6 支试管，各加入 2 mL 烟碱水溶液，再分别加入下列试剂。

（1）碱性实验：在第一支试管中滴加 1 滴酚酞试剂，注意产生的现象并加以解释。

（2）氧化反应[2]：在第二支试管中加入 1～2 滴 0.5％高锰酸钾及 10 滴 10％硫酸，振荡试管，观察颜色的变化。

（3）沉淀反应：

在第三支试管中加碘的碘化钾试剂 2 滴，观察现象。

在第四支试管中加饱和苦味酸溶液 5 滴，观察现象。

在第五支试管中加入 2～3 滴 10％鞣酸溶液，观察现象。

在第六支试管中加 3 滴 20％醋酸溶液和 5 滴碘化汞钾试剂，观察现象。

（二）苦味酸盐法

1. 仪器与试剂

仪器：锥形瓶（50 mL），分液漏斗，水浴锅，小型多孔板漏斗，抽滤装置，滤纸，脱脂棉，圆底烧瓶（150 mL、50 mL），蒸馏头，直形冷凝管，接液管，锥形瓶。

试剂：烟丝，氯仿，5％氢氧化钠，甲醇，饱和苦味酸甲醇溶液。

2. 提取

准确称取 8.5 g 烟丝置于 250 mL 烧杯中，加入 100 mL 5％氢氧化钠溶液，搅拌 20 min。将混合物倒入布氏漏斗（不铺滤纸，底板铺一层玻璃棉）进行抽滤[3]，并压榨烟丝，以挤出更多的碱液。将烟丝重新转入原烧杯，加 2 mL 蒸馏水（搅拌）洗涤，再抽滤，合并两次滤液。

滤液移至分液漏斗中，加 25 mL 氯仿进行萃取。轻轻回荡分液漏斗内溶物。静置分层，将下层液（有机相）放入 150 mL 烧杯中，上层液（水相）再用 50 mL 氯仿分两次萃取，合并三次萃取液，小心倾入 150 mL 圆底烧瓶中，水浴加热蒸馏，回收氯仿。当剩下 8～10 mL 溶液时，停止水浴加热，冷却烧瓶，将浓缩液转移到 50 mL 圆底烧瓶中，再用 3 mL 氯仿洗涤原烧瓶，一同并入 50 mL 烧瓶。水浴蒸馏浓缩至干，剩下少量油状物或固体残渣，加 1 mL 蒸馏水轻轻摇动，以溶解残渣。再加 4 mL 甲醇（立即产生黄色沉淀），将此甲醇溶液通过垫有玻璃棉的漏斗，滤入 100 mL 烧杯中，并用 5 mL 甲醇洗涤一次（此时滤液应是清亮、无任何悬浮物的，否则须重新过滤）。加入 10 mL 饱和苦味酸甲醇溶液，立即析出绒毛状的淡黄色二苦味酸烟碱沉淀。用垫有滤纸的小型多孔板漏斗或玻璃钉漏斗减压过滤，产量约 50 mg。

3. 重结晶

将所得二苦味酸烟碱置于 50 mL 锥形瓶中，在加热下逐渐加入热的 50%（体积/体积）乙醇-水溶液，直到固体刚好溶解为止。静置，冷却，将出现长形的、亮黄色的棱柱状结晶（由于结晶过程是缓慢的，最好用塞子塞上锥形瓶，静置到下次时处理），在垫有滤纸的小型多孔板漏斗或玻璃钉漏斗内进行减压过滤，并隔夜干燥。收集产物，测定熔点。

纯的二苦味酸烟碱的熔点为 222～223 ℃。

四、附注

[1] 水蒸气蒸馏提取烟碱时，中和至混合物呈明显的碱性是实验成功的关键，否则烟碱以盐的形式存在而不能被蒸出。

[2] 烟碱与高锰酸钾等氧化剂作用，生成烟碱酸：

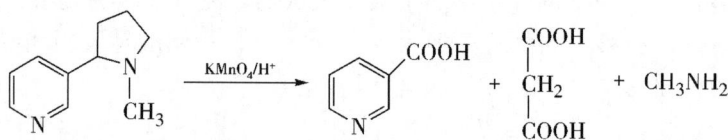

[3] 在过滤烟丝的氢氧化钠溶液时，不能用滤纸，因滤纸遇强碱会膨胀，结果失去过滤的作用。

五、思考题

1. 在提取烟碱的水溶液中，为什么先加酸后加碱？
2. 试写出烟碱实验中的有关反应。
3. 水蒸气蒸馏提取烟碱时，为什么要中和至混合物呈明显的碱性？
4. 解释烟碱分子中四氢吡咯部分的碱性比吡啶的强的原因。

实验四十八　从黄连中提取黄连素

一、实验目的

1. 学习从中草药中提取生物碱的原理和方法。

2. 进一步熟悉回流、蒸馏、重结晶等基本装置及其操作。

3. 了解黄连素的应用及结构鉴定方法。

二、实验原理

黄连为多年生草本植物，为我国名、特产药材之一。其根茎中含有多种生物碱，如小檗碱（黄连素）、甲基黄连碱、棕榈碱、非洲防己碱等。黄连素的含量约在 $4\%\sim10\%$。其他如黄柏、伏牛花、白屈菜、南天竹等植物中也含有黄连素，但黄连与黄柏中的黄连素含量最高。

黄连素是黄色针状体（乙醚），熔点为 145 ℃。可溶于热乙醇、热水中，难溶于乙醚、苯。其水溶液具有黄绿色荧光。从黄连中提取黄连素往往采用乙醇、水、硫酸等溶剂，在提取器中连续抽提，然后浓缩，再利用酸进行酸化，得到相应的盐。

黄连素存在 3 种互变异构体，在自然界多以季铵碱的形式存在。

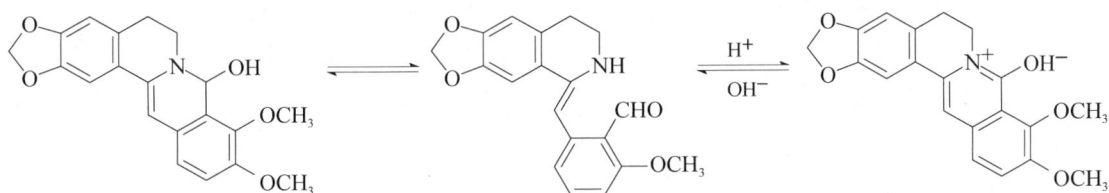

黄连素的盐酸盐、氢碘酸盐、硫酸盐、硝酸盐均难溶于冷水，易溶于热水，故可用水对其进行重结晶，从而达到纯化的目的。黄连素盐酸盐的熔点为 188 ℃。

黄连素是一种抗菌药物，用于治疗细菌性痢疾、肠炎、上呼吸道感染和抗疟疾等。我国现用合成法生产医用黄连素药物。

三、主要仪器和试剂

仪器：研钵 1 只，圆底烧瓶（250 mL）1 只，球形冷凝管 1 支，直形冷凝管 1 支，蒸馏头 1 只，接液管 1 只，电炉 1 只，温度计（100 ℃）1 支，烧杯（200 mL）1 只，锥形瓶（250 mL）1 只，减压过滤装置 1 套，热浴 1 套，冰浴 1 套，天平 1 台。

试剂：黄连，10％乙酸液，丙酮，95％乙醇液，浓盐酸。

四、实验步骤

1. 浸提

称取 10 g 黄连，用研钵磨细，放入 250 mL 圆底烧瓶中，加入 100 mL 95％乙醇，装上球形冷凝管，在热水浴中加热回流 0.5 h，冷却并静置浸泡 1 h。

2. 过滤

减压过滤，滤渣用少量 95％乙醇洗涤两次。

3. 蒸馏

将滤液倒入 250 mL 圆底烧瓶中，安装普通蒸馏装置。用水浴加热蒸馏，回收乙醇。当烧瓶内残留液呈棕红色糖浆状时，停止蒸馏（不可蒸干）。

4. 溶解、过滤

向烧瓶内加入 30 mL 10％乙酸溶液，加热使其溶解，趁热抽滤，除去不溶物。将滤液倒入 200 mL 烧杯中，滴加浓盐酸至溶液出现浑浊为止（约需 10 mL）。抽滤，滤渣用少量冰水洗涤两次，得到黄连素盐酸盐的粗产品。

5. 重结晶

将滤饼放入 200 mL 烧杯中，先加少量水，用石棉网小火加热，边搅拌边补加水至晶体在受热情况下恰好溶解。趁热抽滤，滤液用浓盐酸调节至 pH 为 2～3，室温下静置数小时，即有橙黄色针状晶体析出，抽滤，滤渣用冰水洗涤两次，再用少量丙酮洗涤一次，压紧抽干，烘干后称量质量。

要得到纯净的黄连素晶体（非盐黄连素）比较困难，将黄连素盐酸盐加热水至其刚好溶解，煮沸，用石灰乳调节 pH 为 8.5～9.8，冷却后滤去杂质，滤液继续冷却至室温以下，即有针状黄连素析出，抽滤，将结晶在 50～60 ℃下干燥即可。

6. 产品检验

（1）取黄连素盐酸盐少许，加浓硫酸 2 mL，溶解后加几滴浓硝酸，即呈樱红色溶液。

（2）取黄连素盐酸盐 50 mg，加蒸馏水 5 mL，缓缓加热，溶解后加 20％氢氧化钠溶液 2 滴，显橙色，冷却后过滤，滤液加丙酮 4 滴，即发生浑浊。放置后生成黄色的丙酮黄连素沉淀。

五、注意事项

（1）黄连提取前，应先把它切碎，研磨成粉状，否则，会降低提取率。

（2）黄连素结晶应在 50～60 ℃下干燥，如果温度过高，黄连素会变质或碳化。

六、思考题

1. 黄连素为何种生物碱类化合物？
2. 影响黄连素提取率的因素有哪些？
3. 可否采用索氏提取器从黄连中提取黄连素？如果可以，怎么操作？

第六部分　综合技能实验

实验四十九　有机化合物的分离、提纯与鉴别

从天然产物中提取的或经人工合成的有机化合物往往是不纯的，常常带有一些杂质。在研究该化合物之前，通常采用物理方法和化学方法将混合物进行分离、提纯，得到纯净的化合物。

化学法鉴别有机物主要依据某些化合物的特征反应，对外观相似的几种有机物加以确认，可见，这项工作也是有机化学研究中一项主要而复杂的内容。

1. 有机化合物的分离和提纯

有机化合物的分离通常指从混合物中把几种有机物成分逐一分开，提纯则一般要求把杂质从主要产物中除去。

分离和提纯有机物的方法很多，大体上可分为物理方法（如蒸馏、分馏、水蒸气蒸馏、重结晶、升华、萃取、层析等）和化学方法两大类。对化学方法的基本要求是方法简便易行，消耗少，被提纯物质可达较高的纯度。

近年来的一些高效物理方法，如柱层析、薄层层析，以及制备液相色谱等，在分离结构相近的有机物时发挥了重要作用。

必须注意，若仅为了除去少量杂质而达到提纯的目的，除去杂质的方法可以采用不必复原的反应；若从混合物中分离几种有机物，则分离过程中应该全部使用可复原的反应。

[示例1] 用简便方法分离苯甲酸、苯酚、苄醇和环己酮的混合物（图 6-1）。

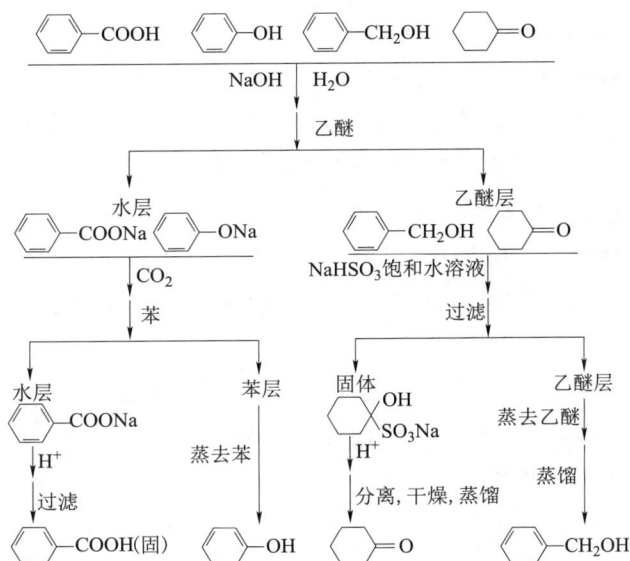

图 6-1　用简便方法分离苯甲酸、苯酚、苄醇和环己酮的混合物

[示例2] 在合成乙酸乙酯的粗品中，可能含有乙酸、乙醇、乙醚和水等少量杂质，如何将这些杂质除去？

方法如图 6-2 所示。

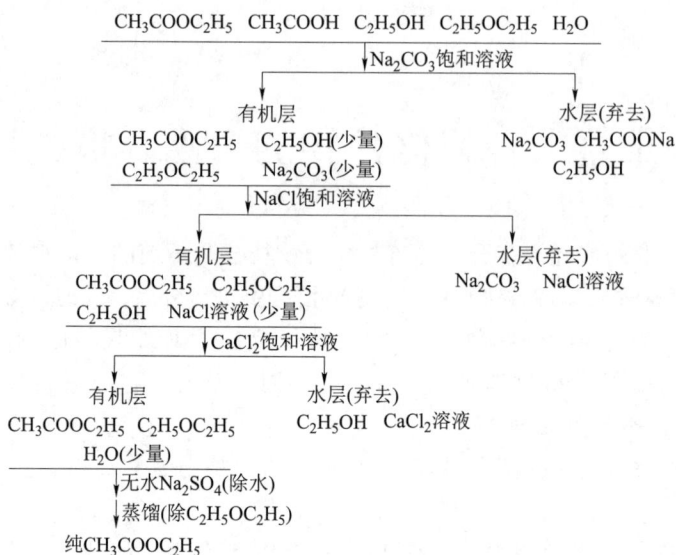

$$CH_3COOC_2H_5 \quad CH_3COOH \quad C_2H_5OH \quad C_2H_5OC_2H_5 \quad H_2O$$

↓ Na_2CO_3饱和溶液

有机层
$CH_3COOC_2H_5 \quad C_2H_5OH(少量)$
$C_2H_5OC_2H_5 \quad Na_2CO_3(少量)$

水层(弃去)
$Na_2CO_3 \quad CH_3COONa$
C_2H_5OH

↓ $NaCl$饱和溶液

有机层
$CH_3COOC_2H_5 \quad C_2H_5OC_2H_5$
$C_2H_5OH \quad NaCl$溶液(少量)

水层(弃去)
$Na_2CO_3 \quad NaCl$溶液

↓ $CaCl_2$饱和溶液

有机层
$CH_3COOC_2H_5 \quad C_2H_5OC_2H_5$
$H_2O(少量)$

水层(弃去)
$C_2H_5OH \quad CaCl_2$溶液

↓ 无水Na_2SO_4(除水)
↓ 蒸馏(除$C_2H_5OC_2H_5$)

纯$CH_3COOC_2H_5$

图 6-2　将合成乙酸乙酯的粗品中的乙酸、乙醇、乙醚和水等少量杂质除去

2. 有机化合物的鉴别

用化学法鉴别有机物有两个基本要求：一是反应操作简便；二是反应现象明显，如有气体放出、沉淀生成或出现浑浊、溶解或不溶解、分层、颜色变化等。要注意鉴别的先后顺序，一般把活泼的或有特征反应的或易受干扰的物质先检出，再采用分组法，根据各化合物的个性一一鉴别。

鉴别一组有机物的方法可以用文字叙述，也可列表或用图示表示。

[示例] 用简单化学方法鉴别下列化合物：

苯酚、苯甲醛、丙醛、苯乙酮、苄醇、1-苯基乙醇

（1）文字叙述法：将上述 6 种化合物分别加入 $FeCl_3$ 溶液，显紫色的为苯酚。分别取剩余的 5 种化合物，加 2,4-二硝基苯肼，生成黄色沉淀的是苯甲醛、丙醛、苯乙酮（第一组）；不生成黄色沉淀的是苄醇、1-苯基乙醇（第二组）。

分别取第一组 3 种样品，加入托伦试剂，水浴加热，无银镜生成的为苯乙酮，有银镜生成的为苯甲醛、丙醛。再取后两种化合物，分别加入斐林试剂，水浴加热，有砖红色 Cu_2O 沉淀生成的为丙醛，无砖红色沉淀生成的是苯甲醛。

分别取第二组 2 种样品，加入碘-碘化钾溶液和氢氧化钠溶液，水浴温热，有黄色 CHI_3 沉淀生成的是 1-苯基乙醇，不生成黄色沉淀的是苄醇。

显然，这种表示方法比较烦琐。

（2）列表法（表 6-1）：

表 6-1　列表法

化合物	试 剂				
	$FeCl_3$溶液	2,4-二硝基苯肼	托伦试剂	斐林试剂	$I_2/NaOH$
苯酚	（＋）紫	（－）	（－）	（－）	（－）
苯甲醛	（－）	（＋）黄色↓	（＋）Ag↓	（－）	（－）
丙醛	（－）	（＋）黄色↓	（＋）Ag↓	（＋）Cu_2O↓	（－）
苯乙酮	（－）	（＋）黄色↓	（－）	（－）	（＋）CHI_3↓
苄醇	（－）	（－）	（－）	（－）	（－）
1-苯基乙醇	（－）	（－）	（－）	（－）	（＋）CHI_3↓

表中（＋）表示与此试剂反应，（－）为不反应。列表法对鉴别较为复杂情况的表示有些杂乱。

（3）图示法（图 6-3）：

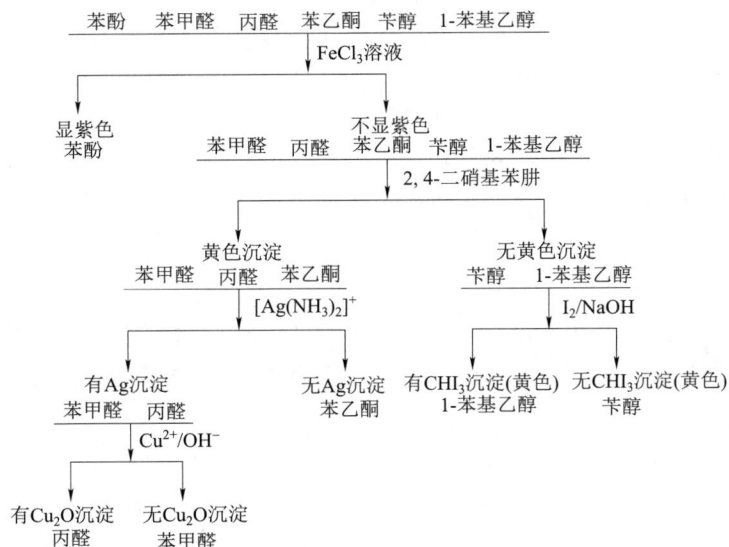

图 6-3　图示法

图示法较为准确且表示清楚。

实验五十　溴代-1-甲基-3-丁基咪唑盐的制备

一、实验目的

1. 掌握室温离子液体的含义及其在有机合成中的应用。
2. 熟悉 1-甲基-3-丁基咪唑溴盐的制备方法。

二、实验原理

室温离子液体（room temperature ionic liquid），顾名思义，就是完全由离子组成的液体，是低温（<100 ℃）下呈液态的盐，也称为低温熔融盐，它一般由有机阳离子和无机阴离子所组成。研究的离子液体中，阳离子主要以咪唑阳离子为主，阴离子主要以卤素离子和其他无机酸离子（如四氟硼酸根等）为主。

离子液体由于其蒸气压低、环境友好、催化率高和回收容易等特点，在有机合成中得到广泛的关注，如 Fridel-Crafts 反应、Diels-Alder 反应、Heck 反应、Suzuki 反应、Mannich 反应等。人们称离子液体为"可设计合成的溶剂"。

离子液体的合成可分为一步法和两步法：

①一步法为采用叔胺（或咪唑）与卤代烃或酯类物质发生加成反应，或利用叔胺的碱性与酸发生中和反应而一步生成目标离子液体的方法。可合成胍类离子液体和多种醇胺羧酸盐功能化离子液体。

②两步法的第一步是通过叔胺与卤代烃反应制备出季铵的卤化物；第二步将卤素离子置换为目标离子液体的阴离子。此法可用于制备数十种咪唑类离子液体、氨基酸类离子液体、膦类离子液体等。

$$\underset{H_3C}{\overset{}{\longrightarrow}} N{\underset{}{\longrightarrow}} N \quad + \quad C_4H_9Br \quad \longrightarrow \quad \underset{H_3C}{\overset{}{\longrightarrow}} N{\overset{+}{\underset{-}{\longrightarrow}}} N{-}C_4H_9Br$$

三、实验仪器及药品

仪器：50 mL 圆底烧瓶，磁力搅拌器，恒压滴液漏斗，球形回流冷凝管，旋转蒸发仪。
药品：1-甲基咪唑，乙腈，正溴丁烷。

四、实验步骤

在 50 mL 圆底烧瓶中加入 3.0 g（0.037 mol）1-甲基咪唑，加入 20 mL 乙腈（或甲苯）做溶剂，在磁力搅拌的条件下，用恒压滴液漏斗缓慢滴加[1] 正溴丁烷 5.0 g（0.036 mol），约 40 min 滴完，溶液变浑浊，将滴液漏斗撤下，换上球形回流冷凝管[2]，加热回流 2 h。完应完毕后，用旋转蒸发仪将溶剂除去，得到 1-甲基-3-丁基咪唑的溴盐，为黏稠状液体[3]，称重并计算产率。

五、附注

[1] 要注意控制搅拌速度和滴加速度，使两种原料缓慢混合均匀。

[2] 滴完后，迅速换上球形冷凝管回流，乙腈的沸点为 73～76 ℃，应控制回流速度，不易过快。

[3] 得到的离子液体为黏稠状液体，可以直接作为催化剂和溶剂应用于有机化合物的合成。

六、思考题

1. 何为离子液体？在有机合成中有哪些应用？
2. 为何生成的产物无须进一步处理？

实验五十一　气相色谱法检测苯甲醇

一、实验目的

1. 了解气相色谱仪的基本结构和工作原理。
2. 学习用归一化计算各组分含量。

二、实验原理

色谱定性分析的任务是确定色谱图上各色谱峰代表何种组分，根据各色谱峰的保留值进行定性分析。

在一定的色谱操作条件下，每种物质都有一个确定不变的保留值（如保留时间），故可以作为定性分析的依据。在相同色谱条件下，对已知试样和待测试样进行色谱分析，分别测量各组分峰的保留值，若某组分峰的保留值与已知试样相同，则可以认为两者为同一物质。这种色谱定性分析方法要求色谱条件稳定，保留值测定准确。

确定了各个色谱峰代表的组分后，即可对其进行定量分析。色谱定量分析的依据是混合物中各组分的质量分数与其相应的响应信号（峰高或峰面积）成正比，利用归一法即可计算出各组分的含量。

三、仪器与试剂

仪器：气相色谱仪，分析天平，容量瓶，具塞刻度离心试管，注射式样品过滤器。

试剂：无水乙醇，苯甲醇（纯度≥99.5％）。

四、实验步骤

1. 标准溶液的配置

取一个干燥、洁净的 100 mL 容量瓶，精密称取苯甲醇标准品 0.100 0 g 于容量瓶中，用无水乙醇溶解并稀释至刻度，即得质量浓度为 1.0 mg/mL 的苯甲醇标准溶液。

2. 试样溶液的配置

取另一个干燥、洁净的 100 mL 容量瓶，精密称取苯甲醇待测液 0.100 0 g 于容量瓶中，用无水乙醇溶解并稀释至刻度，即得质量浓度约为 1.0 mg/mL 的苯甲醇试样溶液。

3. 色谱仪的开机和调试

参见"FL9790 气相色谱仪操作方法"[1]或操作手册。

4. 标准溶液和未知试样的分析测定

（1）观察仪器谱图基线是否平直。待仪器电路和气路系统达到平衡，基线平直后，用 1 μL 清洗过的微量注射器吸取苯甲醇标准溶液 0.2 μL 进样，分析测定。色谱图走完后，记录样品名对应的文件名，打印出色谱图及分析测定结果。重复操作 3 次，记录分析结果。

（2）试样的分析。用 1 μL 清洗过的微量注射器吸取苯甲醇试样溶液 0.2 μL 进样，分析测定。色谱图走完后，记录样品名对应的文件名，打印出色谱图及测试结果。按上述方法再进样分析测定两次，记录分析结果。

5. 气相色谱（GC/FID）参考条件

① 色谱柱：HP-FFAP 石英毛细管色谱柱（30 m×0.25 mm×0.25 μm，硝基对苯二酸改性的聚乙二醇）；

② 柱温程序：初始温度 150 ℃，以 10 ℃/min 的速率升温至 180 ℃，保持 3 min 后，再以 20 ℃/min 的速率升温至 230 ℃，保持 5 min；

③ 进样口温度：240 ℃；

④ 检测器温度：250 ℃；

⑤ 载气：N_2，流速：1.0 mL/min；

⑥ 氢气流量：40 mL/min；

⑦ 空气流量：400 mL/min；

⑧ 尾吹气氮气流量：30 mL/min；

⑨ 进样方式：分流进样，分流比 40∶1；

⑩ 进样量：1 μL。

注：载气、空气、氢气流速随仪器而异，操作者可以根据仪器及色谱柱等差异，通过实验选择最佳操作条件，使苯甲醇与化妆品中其他组分峰获得完全分离。

五、附注

[1] FL9790 气相色谱仪操作方法。

① 开 3 个气源（空气、氢气、99.99%～99.999%氮气）。

② 10 min 后开 3 个气体净化器（ON 挡）。

③ 气路表 7 个，上排都是氮气，柱前压 I 控制填充柱进样器 I（外面）、柱前压 II 控制填充柱进样器 II（里面）、氢气 II 控制 FID 检测离子头 II。实际只关注 4 个：氢气 II（0.15 MPa）、空气（0.1 MPa）、总压（实为氮气压力 0.3 MPa）、氮气（打开面盖看到的表 0.06 MPa）。若压力不够，调节旋钮。

④ 满足开机条件后，打开主机电源开关。

⑤ 启动计算机，双击桌面上的"FL9790"图标，进行设置。

单击"FID"，出现黄色杠。单击"新建"按钮，项目名称输入"苯甲醇"；样品输入"苯甲醇"（全部填中文，不能填数字）。单击"下一步"按钮。设定分析方法：单击"新建"按钮，分析名称输入"苯甲醇"；单击"缺省参数"，进行默认参数设置；锁定时间：输入多少，就表示多少分钟后开始积分。单击"下一步"按钮，再单击"归一法"，单击"面积"；单击"下一步"按钮，选择组分表；单击"下一步"按钮，单击"完成"按钮。

仪器条件：选择"苯甲醇"，单击"新建"按钮。

柱箱：根据实验需要，输入目标温度数字，如 80。若不用程序升温，则"程序升温"不勾选，表示恒温 80 ℃；若用程序升温，则勾选"程序升温"，按需要填"升温速度""目标温度""保持时间（min）"，单击"下一步"按钮。

填充柱进样器（不管）：单击"下一步"按钮。

毛细管进样器：输入目标温度"100"（比柱箱的目标温度高），极限温度一般不大于 400，载气类型为氮气。单击"下一步"按钮。

FID：目标温度输入"110"（比柱箱和毛细管进样器的目标温度高），量程一般选"1"（数字越大，灵敏度越低），极性选"正"（FID离子头Ⅱ，若选"负"，则是离子头Ⅰ）。单击"下一步"按钮。

TCD（不管）：单击"下一步"按钮。

阀：阀1和阀2都勾选，单击"下一步"按钮。

辅助炉（不管）：单击"完成"按钮。

设定仪器条件：选择"苯甲醇"，单击"下一步"按钮，单击"完成"按钮。

⑥ 加热：项目：右击"苯甲醇"，单击"设置为当前项目"；仪器控制界面：按进样器、柱箱、检测器的加热开关（绿色圆圈），使它们变成红色圆圈（表示加热）。

⑦ 点火：在仪器控制界面上，当所有的实测温度到了设定温度时，取下离子头Ⅱ的盖子，用电火枪对准离子头Ⅱ点火，有水雾，表明点火成功。

⑧ 进样：等基线稳定就进样，选取合适规格的进样器，用溶剂（无水乙醇）洗针、赶气泡，快速进样，稍慢拔针。

⑨ 停止：出完峰后，单击"停止"按钮，分析结果。

⑩ 关机：单击仪器控制界面上的3个加热开关，使之变为绿色；关空气、氢气净化器；关空气、氢气气源；待所有温度降至室温时，关氮气净化器，关氮气气源；关气相色谱仪主机、关工作站。

六、思考题

1. 为什么气相色谱仪可以进行定量分析？

2. 在气相色谱中，除了归一法外，还有什么方法可以计算各组分含量？

实验五十二　2-甲基苯并咪唑的合成

一、实验目的

1. 掌握成环缩合反应合成苯并咪唑的原理和方法。
2. 巩固电动搅拌、抽滤和重结晶等基本操作。

二、实验原理

苯并咪唑类化合物是一种含有两个氮原子的杂环化合物，可作为药物中间体，制备人、畜的驱虫药物，柑橘等果类的杀菌剂，以及果品保鲜剂。2-甲基苯并咪唑通常由邻苯二胺与乙酸反应来合成。

三、仪器与试剂

仪器：三颈烧瓶（100 mL），球形冷凝管，量筒（10 mL），烧杯（200 mL），烧杯（100 mL），石蕊试纸，电动磁力搅拌器，抽滤装置。

试剂：邻苯二胺，乙酸（又名冰醋酸），盐酸，活性炭，氢氧化钠。

四、反应步骤

在 100 mL 的三颈烧瓶中加入邻苯二胺 5.4 g（0.05 mol）和乙酸 3.6 g（0.1 mol），再加入 12 mL 4 mol/L 盐酸，于 110 ℃下加热搅拌回流反应 2 h（1.5 h 和 2 h 时，分别用薄层色谱检测）。反应完全，加活性炭脱色，趁热抽滤，待滤液冷却至 0～5 ℃时，搅拌下逐滴加入 10% NaOH 水溶液中和至 pH＝10，有大量白色固体产生，抽滤，冷水洗涤，得白色固体，使用热水重结晶，真空干燥，得到产物。

2-甲基苯并咪唑为白色粉末，熔点为 175～177 ℃。

五、附注

[1] 邻苯二胺吸入及皮肤接触对人体都有害，与皮肤接触可能致敏。做实验时，要穿戴适当的防护服和手套。如不慎与皮肤接触，应立即用大量肥皂水冲洗。

[2] 本实验最好在通风橱中进行。

[3] 本实验的展开剂为乙酸乙酯∶石油醚＝3∶1。

六、思考题

1. 为何反应温度控制在 110 ℃进行回流？
2. 除了用浓盐酸作催化剂外，还可以用哪些试剂来作催化剂？

第七部分 综合设计性实验

综合性设计实验是选定某实验题目，由学生自己查阅文献资料，运用所学的理论知识和实验技术，独立设计实验方案，并在教师指导下完成实验，通过这一过程，培养学生查阅文献资料和独立实践的能力，提高学生分析问题和解决问题的综合能力。

综合性设计实验的过程分为以下几个步骤：

① 选题。

② 查资料。根据选定的题目，全面查阅有关资料，摘录有关化合物的物理常数，了解它们的性质、制备方法及其分离提纯和鉴定的方法。

③ 设计实验方案。根据题目要求及所查到的资料，综合分析设计出切实可行的实验方案（包括实验目的、原理、步骤、仪器药品及注意事项等）。

④ 实验实施。实验方案经指导教师审阅认可后，进行实验。实验过程中，应认真观察，及时、仔细地做好记录。

⑤ 总结报告。实验完成后，写出实验报告，对实验结果进行分析评估。

实 验 内 容

一、未知物的鉴别

① 甲苯、苯酚、苯甲醛、氯苄。

② 乙醇、甘油、乙醛、丙酮、乙酸、苯酚。

③ 苯胺、N-甲基苯胺、N,N-二甲基苯胺、乙二胺。

④ 尿素、乙酰胺、甘氨酸、酪蛋白。

⑤ 木糖、葡萄糖、果糖、麦芽糖、蔗糖、淀粉。

二、混合物的分离或提纯

① 苯酚和苯甲醇的混合物。

② 环己醇和环己酮的混合物。

③ 过量乙酸和正丁醇（或异戊醇）在硫酸催化下酯化，从反应混合物中分出纯的乙酸正丁酯（或乙酸异戊酯）。

④ 今有 2,4-D（2,4-二氯苯氧乙酸，熔点为 138 ℃）和少量 2,4-D 异丙酯（高沸点液体）的混合物，试说明提纯 2,4-D 的步骤和测定 2,4-D 纯度的最简便方法。

三、从天然产物中提取有机物

① 从蛋黄中提取卵磷脂。

② 从槐花米中提取芦丁。

③ 从黑胡椒中提取胡椒碱。

④ 从蜂蜡中提取三十烷醇。

四、合成实验

① 用苯制备溴苯。

② 用苯甲酸制备苯甲酸乙酯。

③ 用环己醇制备环己酮。

上述题目难易不同。教师可根据实际情况进行安排，可作为平时练习或供实验考核时参考。为了让学生更好地领会和掌握综合性设计实验的目的和要求，特举下述两例以做示范：从肉桂树皮中提取肉桂醛；从冬青树叶中提取与分离 β-胡萝卜素。

根据以上选题，首先查阅资料。如某些手册或教科书、各种有机化学实验教材、有机化学实验手册、化学手册和有关刊物等。与植物有关的题目还可以查阅植物化学、植物生理学等学科的实验教材。通过查阅这些资料，可以找到所需化合物的物理常数、特性等内容，还可以了解到有关化合物的一般分离、提纯方法，以及这些化合物的鉴定手段。一般的题目，都可以通过这种途径找到所需的资料，而一些比较难的题目，则需要查阅更专业的文献，或根据已有的资料进行设计。

如第一个题目，通过上述方法，我们很幸运地在《现代有机化学实验技术导论》[1]一书中查到了与选题相同的一个实验内容，查看一下实验目的、实验方法、实验所需仪器药品等内容，都很适合，因此可以选用该书提供的实验方案。具体内容如下。

示例一 从肉桂树皮中提取肉桂醛

一、实验目的

1. 了解从天然产物中提取有效成分的方法。
2. 熟练水蒸气蒸馏的操作技术。
3. 熟悉衍生物和光谱法在化合物鉴定中的应用。

二、实验原理

许多植物具有独特的令人愉快的气味，植物的这种香气是由植物所含的香精油所致，工业上重要的香精油已有 200 多种，杏仁油、茴香油、蒜油、紫罗兰油、茉莉油、薄荷油、肉桂油等是一些熟悉的例子。

香精油主要存在于植物的籽和花中，大部分是易挥发性的，因此可以用水蒸气蒸馏的方法加以分离，其他的分离方法还有萃取法和榨取法。

肉桂树皮中的香精油的主要成分是肉桂醛，是随水蒸气挥发的。本实验将利用水蒸气蒸馏的方法提取出香精油的主要成分，然后将粗产品做成衍生物进行鉴定，还可以用波谱方法加以鉴定。

所谓衍生物，就是指通过简单易行的反应，将原始化合物转变成一个新化合物。原始化合物常常难以提纯或难以通过物理方法加以准确鉴定，而衍生物则是固体结晶化合物，具有一定的熔点，比较容易测定。衍生物的鉴定一旦得到证实，便可作为原始化合物的确实证据。

肉桂树皮中所含肉桂油的主要成分是肉桂醛（反-3-苯基丙烯醛）。

在衍生物制备中：

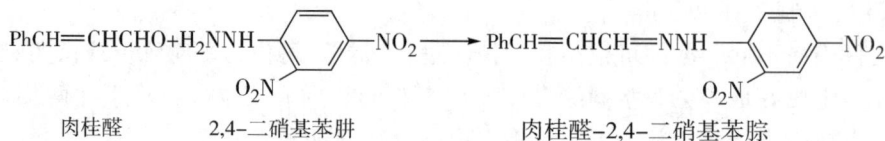

PhCH=CHCHO+H$_2$NNH—〈〉—NO$_2$ ⟶ PhCH=CHCH=NNH—〈〉—NO$_2$
　　　　　　　　　　O$_2$N　　　　　　　　　　　　　　　　　O$_2$N

　肉桂醛　　　2,4-二硝基苯肼　　　　　　肉桂醛-2,4-二硝基苯腙

三、仪器与试剂

仪器：水蒸气蒸馏装置（蒸馏瓶 500 mL），250 mL 锥形瓶，250 mL 分液漏斗，毫升刻度试管，50 mL 烧杯，抽滤装置。

试剂：CH$_2$Cl$_2$，无水 Na$_2$SO$_4$，2,4-二硝基苯肼，甲醇，乙酸乙酯，浓 H$_2$SO$_4$。

四、实验步骤

用一个 500 mL 圆底烧瓶装成一套水蒸气蒸馏装置，用 250 mL 锥形瓶作接收器，在蒸馏瓶中加入 15 g 肉桂树皮粉，并加入 100 mL 热水，通入水蒸气进行蒸馏，直到收集了约 100 mL 馏出物为止。

将馏出物转移到 250 mL 分液漏斗中，用 CH$_2$Cl$_2$ 萃取两次，每次 10 mL。弃去水层，CH$_2$Cl$_2$ 层用少量无水 Na$_2$SO$_4$ 干燥约 15 min，滗出干燥剂，溶液用旋转蒸发仪蒸掉大部分溶剂，剩余溶液移至已称重的干燥刻度试管中，在蒸汽浴上蒸发至除香精油外无其他物为止。擦干试管，称重，计算回收率。

取 0.1 mL 肉桂油溶于 1 mL 甲醇中。另取 0.1 g 2,4-二硝基苯肼溶于 5 mL 甲醇中，再小心地加入 0.2～0.3 mL 浓 H$_2$SO$_4$，温热使其完全溶解。将肉桂油的甲醇溶液加入其中，温热 10 min，使其产生结晶。将所得结晶减压过滤，并用少量甲醇洗涤结晶 2～3 次，再用少量乙酸乙酯重结晶，收集重结晶后所得晶体，烘干，测其熔点。

另取 0.1 mL 肉桂油，测其红外光谱或核磁共振谱，并与标准图谱对照，解释光谱图中的主要峰信息。

根据上述方案，认真进行实验，并记录结果，看是否与设想吻合。如果不符合，则要找出具体原因。

至于第二个题目，远不如第一个题目那么顺利，只查到一些类似的内容。如柱色谱法分离植物色素是从菠菜叶中提取色素，还有从番茄、胡萝卜中提取 β-胡萝卜素等。这些方法虽然材料不同，但是提取的物质相同，大体的方法步骤是一致的，根据这些资料可以设计如下。

示例二　从冬青树叶中提取与分离胡萝卜素

一、实验目的

1. 了解从天然产物中提取和分离有效组分的方法。
2. 掌握薄层层析和柱层析的方法。
3. 熟悉 UV 在化合物结构鉴定中的应用。

二、实验原理

β-胡萝卜素广泛存在于各种蔬菜和植物中，它在人体肝脏中会转变成人体所必需的维生素 A。

本实验利用 β-胡萝卜素易溶于有机溶剂的性质，用乙醇从冬青树叶中将 β-胡萝卜素浸取出来，同时被提取出来的还有叶绿素等色素，再利用薄层层析和柱层析将它们分离开来，最后用紫外光谱加以验证。

三、仪器与试剂

仪器：层析柱（ϕ1.2 cm），层析杯，载玻片，研钵，100 mL 分液漏斗，50 mL 锥形瓶，具支试管。

试剂：乙醇，石油醚（30～60 ℃），乙酸乙酯，羧甲基纤维素钠（CMC），苯，丙酮，乙胺，层析用氧化铝，无水 Na_2SO_4。

四、实验步骤

（一）提取

取 3.0 g 新鲜冬青树叶，洗净，用滤纸吸干，细细剪碎，加入 5 mL 乙醇和少量石英砂，在研钵中研磨，磨好后先用 10 mL 乙醇浸取，再用石油醚 20 mL 分两次浸取，每次浸取液都滤入 100 mL 分液漏斗中，将合并的浸取液水洗两次，每次 10 mL 水。水层弃去，石油醚层用少量无水 Na_2SO_4 干燥约 15 min，然后过滤到具支试管中，减压浓缩至 0.5 mL。

（二）薄层层析

1. 制板

取六块载玻片，洗净后用蒸馏水淋洗，再用少量乙醇淋洗，晾干备用。

在 50 mL 锥形瓶中加 1% CMC 的水溶液 15 mL，逐渐加入 7.0 g 中性氧化铝，调成均匀的糊状。用滴管吸取糊状物，涂于上述洁净的载玻片上，用食指和拇指拿住载玻片，前后、左右轻轻摇晃，使糊状氧化铝均匀地铺在载玻片上。将涂好的薄板水平放置，室温下晾0.5 h，然后放入烘箱，缓慢升温至 110 ℃，恒温 0.5 h，取出稍冷后置于干燥器中备用。

2. 点样

取做好的薄板，在距底端 1 cm 处用铅笔轻轻画一条直线为点样线，在距点样线 5 cm 处也画一条直线作为前沿线。用点样毛细管将浓缩的提取液在点样线上点样，点样的直径要小于 3 mm。若一次点样不够，可待溶剂挥发后再次点样。

3. 展开

在层析杯内加入选定的展开剂[2]，深度约 5 mm，再在层析杯壁上贴一张高度为 5 cm、周长是层析杯周长 4/5 的滤纸，滤纸的下端浸入展开剂，并全部被润湿（若展开剂不够，可补充至 5 mm 深），它是用来饱和层析杯空间的。展开时，薄板的点样端向下，放入层析杯内，使薄板的底边平行地接触展开剂，盖上平板玻璃，进行展开。

展开过程中，注意观察展开情况，当展开剂到达前沿线时，取出薄板，平放晾干，计算各色素斑点的 R_f 值。

（三）柱层析

1. 装柱

装柱是柱层析成败的关键，必须仔细。

取一个洗净、干燥的层析柱，垂直地固定在铁架台上，关闭下面的活塞，柱内加入约 20 cm 高的石油醚。另取少量脱脂棉，经石油醚洗涤后放入柱底（要赶净气泡），用玻璃棒压平，再盖一片剪好的圆形滤纸（如果是带有砂芯的柱子，可省去该操作）。装柱时，将 20 g 活化的氧化铝[3]与 20 mL 石油醚在烧杯内剧烈搅拌均匀，直接迅速地倒入柱内，要一次倒完，以免使柱分层。轻轻敲打柱身，使其装填紧密而均匀，最后在氧化铝上面盖一片圆形滤纸。打开柱子下面的活塞，慢慢放出溶剂，直到距氧化铝表面仅 1～2 mm 高，无论如何，氧化铝表面不能露出液面。

2. 点样

将前面的浓缩液用长滴管小心地加到层析柱顶部（沿柱壁慢慢加入，不可将氧化铝冲起），加完后，稍稍打开活塞，使液面下降到氧化铝表面 1 mm 以上处，关闭活塞，加少量石油醚，再次打开活塞，使液面下降至原高度。重复两次该操作，使色素全部进入柱内。

3. 洗脱

在色素全部进入柱内后，小心地在柱顶加洗脱液（石油醚：乙酸乙酯＝6：4），打开活塞，控制淋洗速度为每秒 1 滴，可以看到黄色组分缓缓向下移动，待第一组分将流出时，用一干净的小试管接收，以作光谱鉴定用。

4. 鉴定

将所得样品进行紫外光谱分析，扫描波长为 400～500 nm，用石油醚做空白实验。将所得谱图与标准谱图对照，判断分离效果。

根据方案进行实验，记录现象和结果，并对实验结果进行分析总结。

五、附注

[1]《现代有机化学实验技术导论》，丁新腾译，科学出版社，1985 年，109-114 页．
[2] 展开剂（体积比）。
① 苯：丙酮＝7：3；
② 石油醚：乙酸乙酯＝6：4；
③ 油醚：乙酸乙酯：乙胺＝58：30：12。
[3] 150～160 ℃下烘干 4 h。

第八部分　附　录

附录一　常见元素的相对原子质量

元素	符号	相对原子质量	元素	符号	相对原子质量
银	Ag	107.868 2	钼	Mo	95.94
铝	Al	26.981 539	锰	Mn	54.938 05
砷	As	74.921 59	氮	N	14.006 74
金	Au	196.966 54	钠	Na	22.989 768
硼	B	10.811	镍	Ni	58.693 4
钡	Ba	137.327	氧	O	15.999 4
铍	Be	9.012 182	锇	Os	190.23
铋	Bi	208.980 37	磷	P	30.973 762
溴	Br	79.904	铅	Pb	207.2
碳	C	12.011	钯	Pd	106.42
钙	Ca	40.078	铂	Pt	195.08
镉	Cd	112.411	铷	Rb	85.467 8
铈	Ce	140.115	硫	S	32.066
氯	Cl	35.452 7	锑	Sb	121.760
钴	Co	58.933 20	硒	Se	78.96
铬	Cr	51.996 1	硅	Si	28.085 5
铜	Cu	63.546	锡	Sn	118.710
氟	F	18.998 403 2	锶	Sr	87.62
铁	Fe	55.845	碲	Te	127.60
锗	Ge	72.61	钍	Th	232.038 1
氢	H	1.007 94	钛	Ti	47.867
汞	Hg	200.59	铀	U	238.028 9
碘	I	126.904 47	钒	V	50.941 5
钾	K	39.098 3	钨	W	183.84
锂	Li	6.941	锌	Zn	65.39
镁	Mg	24.305 0	锆	Zr	91.224

附录二 酸碱指示剂的配制

指示剂名称	pH 变色范围	颜色变化	溶液配制方法
甲基橙	3.1～4.4	红～黄	1 g·L^{-1}水溶液
溴酚蓝	3.0～4.6	黄～蓝	0.1 g 指示剂溶于 100 mL 20％乙醇
刚果红	3.0～5.2	蓝紫～红	1 g·L^{-1}水溶液
溴甲酚绿	3.8～5.4	黄～蓝	0.1 g 指示剂溶于 100 mL 20％乙醇
甲基红	4.4～6.2	红～黄	0.1 g 或 0.2 g 指示剂溶于 100 mL 60％乙醇
溴酚红	5.0～6.8	黄～红	0.1 g 或 0.04 g 指示剂溶于 100 mL 20％乙醇
溴百里酚蓝	6.0～7.6	黄～蓝	0.05 g 指示剂溶于 100 mL 20％乙醇
中性红	6.8～8.0	红～亮黄	0.1 g 指示剂溶于 100 mL 60％乙醇
甲酚红	7.2～8.8	亮黄～紫红	0.1 g 指示剂溶于 100 mL 50％乙醇
酚酞	8.2～10.0	无色～紫红	0.1 g 指示剂溶于 100 mL 60％乙醇

附录三 乙醇水溶液相对密度及百分组成表

质量分数 $w(C_2H_5OH)/\%$	相对密度 d_4^{20}	体积分数 $\varphi(C_2H_5OH)/\%$	质量分数 $w(C_2H_5OH)/\%$	相对密度 d_4^{20}	体积分数 $\varphi(C_2H_5OH)/\%$
5	0.989 4	6.2	75	0.855 6	81.3
10	0.981 9	12.4	80	0.843 4	85.5
15	0.975 1	18.5	85	0.831 0	89.5
20	0.968 6	24.5	90	0.818 0	93.3
25	0.961 7	30.4	91	0.815 3	94.0
30	0.953 8	36.2	92	0.812 6	94.7
35	0.944 9	41.8	93	0.809 8	95.4
40	0.935 2	47.3	94	0.807 1	96.1
45	0.924 7	52.7	95	0.804 2	96.8
50	0.913 8	57.8	96	0.801 4	97.5
55	0.902 6	62.8	97	0.798 5	98.1
60	0.891 1	67.7	98	0.795 5	98.8
65	0.879 5	72.4	99	0.792 4	99.4
70	0.867 7	76.9	100	0.789 3	100.0

附录四　水的饱和蒸汽压力表

$t/℃$	p/Pa	$t/℃$	p/Pa	$t/℃$	p/Pa
0	610.481	19	2 196.75	50	12 333.6
1	656.744	20	2 337.80	55	15 737.3
2	705.807	21	2 486.46	60	10 915.6
3	757.936	22	2 643.38	65	25 003.2
4	813.398	23	2 808.83	70	31 157.4
5	872.326	24	2 983.35	75	38 543.4
6	934.987	25	3 167.72	80	47 342.6
7	1 001.56	26	3 360.91	85	57 808.4
8	1 072.58	27	3 564.90	90	70 095.4
9	1 147.77	28	3 779.55	91	72 800.5
10	1 227.76	29	4 005.39	92	75 592.2
11	1 312.42	30	4 242.84	93	78 473.3
12	1 402.28	31	4 492.28	94	81 446.4
13	1 497.34	32	4 754.66	95	84 512.8
14	1 598.13	33	5 031.11	96	87 675.2
15	1 704.92	34	5 319.28	97	90 934.9
16	1 817.71	35	5 622.86	98	94 294.7
17	1 937.17	40	7 375.91	99	97 757.0
18	2 063.42	45	9 583.19	100	101 324.7

附录五　溶液的配制

1. 氯化亚铜氨溶液

取 5.0 g 氯化亚铜，溶于 100 mL 浓氨水，用水稀释至 250 mL，过滤，除去不溶性杂质。温热滤液，慢慢加入羟胺盐酸盐，直至蓝色消失为止。

$$Cu_2Cl_2 + 4NH_4OH \longrightarrow 2Cu(NH_3)_2Cl（无色溶液）+ 4H_2O$$

亚铜盐很容易在空气中氧化成二价铜盐，使溶液变蓝，将掩蔽红色沉淀。羟胺盐酸盐是一种很强的还原剂，可使 Cu^{2+} 还原为 Cu^+。

$$4Cu^{2+}+2NH_2OH \Longrightarrow 4Cu^+ + N_2O + H_2O + 4H^+$$

2. 饱和溴水

溶解 75 g 溴化钾于 500 mL 水中，加入 50 g 溴，振荡即可。

3. 碘-碘化钾溶液

将 100 g 碘化钾溶于 500 mL 蒸馏水中，然后加入 50 g 研细的碘粉，搅拌使其全溶，呈深红色溶液，保存于棕色瓶中。

4. 0.1%碘溶液

取 0.5 g 碘和 1.0 g 碘化钾于同一烧杯中，先加适量蒸馏水使其全溶，再用蒸馏水稀释至 500 mL。

5. 品红试剂

在 200 mL 热水里溶解 0.1 g 品红盐酸盐（也叫碱性品红或盐基品红）。放置冷却后，加入 1.0 g 亚硫酸氢钠和 1.0 mL 浓盐酸，再用蒸馏水稀释到 1 000 mL。

6. 2,4-二硝基苯肼试剂

将 1.2 g 2,4-二硝基苯肼试剂溶于 50 mL 30%高氯酸中。配好后储于棕色瓶中，这样不易变质。由于高氯酸盐在水中溶解度很大，因此便于检验。水溶液中的醛也较稳定，长期储存不易变质。

7. 斐林试剂（Fehling 试剂）

斐林试剂由斐林试剂 A 和斐林试剂 B 组成，使用时将两者等体积混合，其配法分别是：

斐林试剂 A：将 35 g 含五结晶水的硫酸铜溶于 1 000 mL 水中，即得到淡蓝色的斐林试剂 A。

斐林试剂 B：将 170 g 含四结晶水的酒石酸钾钠溶于 200 mL 热水中，然后加入含有 50 g 氢氧化钠的水溶液 200 mL，稀释至 1 000 mL，即得到无色清亮的斐林试剂 B。

8. 本尼迪特试剂（Benedict 试剂）

把 8.6 g 研细的硫酸铜溶于 50 mL 热水中，待冷却后用水稀释至 80 mL，另把 86 g 柠檬酸钠及 50 g 无水碳酸钠（若用有结晶水的碳酸钠，则应按比例计算进行取量）溶于 300 mL 水中，加热溶解。待溶液冷却后，再加入上面所配的硫酸铜溶液，加水稀释到 500 mL，将试剂储存于试剂瓶中，瓶口用橡皮塞塞紧。

9. 苯肼试剂

称取两份质量的苯肼盐酸盐和三份质量的无水醋酸钠，于研钵中研磨成粉末，混合均匀，即得到盐酸苯肼-醋酸钠的混合物，储存于棕色试剂瓶中。

苯肼盐酸盐与醋酸钠经复分解反应生成苯肼醋酸盐，苯肼醋酸盐在水溶液中水解生成的苯肼与糖作用成脎。

$$C_6H_5NHNH_2 \cdot HCl + CH_3COONa \longrightarrow C_6H_5NHNH_2 \cdot CH_3COOH + NaCl$$
$$C_6H_5NHNH_2 \cdot CH_3COOH \Longrightarrow C_6H_5NHNH_2 + CH_3COOH$$

游离的苯肼难溶于水，所以不能直接使用苯肼。

10. 间苯二酚盐酸试剂

将 0.5 g 间苯二酚磨成粉，溶于 500 mL 的浓盐酸中，配成饱和溶液。

11. 卢卡斯试剂

将 136 g（实际用量可稍微多些）无水氯化锌在蒸发皿中强烈熔融，以除去水分，用玻璃棒不断搅动，使之凝固成小块，稍冷后放在干燥器中冷至室温。加 90 mL 浓盐酸，搅动，同时把干燥器放在冰水浴中冷却，以防氯化氢逸出。此试剂一般是临用时配制，以防潮气侵入。

12. α-萘酚乙醇溶液

将 10 g α-萘酚溶于 100 mL 95％乙醇中，再用 95％乙醇稀释至 500 mL，储于棕色瓶中。一般是使用前新配制。

13. 0.1％茚三酮乙醇溶液

将 0.4 g 茚三酮溶于 500 mL 95％乙醇中。使用时新配制。

14. 0.2％蒽酮硫酸溶液

将 1.0 g 蒽酮溶于 500 mL 浓硫酸中。使用时新配制。

15. 米隆试剂

将 2.0 g 汞溶于 3 mL 浓硝酸中，然后用水稀释到 100 mL。它主要含有汞、硝酸亚汞和硝酸汞，此外，还有过量的硝酸和少量的亚硝酸。

16. 蛋白质溶液

取 25 mL 蛋清，加入蒸馏水 100～150 mL，搅拌。混匀后，用 3～4 层纱布或丝绸过滤，滤去析出的蛋白，即得到清亮的蛋白质溶液。

附录六　常用浓酸浓碱的密度和浓度

试剂名称	密度/$(g \cdot mL^{-1})$	$w/\%$	$c/(mol \cdot L^{-1})$
浓盐酸	1.18～1.19	36～38	11.6～12.4
浓硝酸	1.39～1.40	65.0～68.0	14.4～15.2
浓硫酸	1.83～1.84	95～98	17.8～18.4
浓磷酸	1.69	85	14.6
高氯酸	1.68	70.0～72.0	11.7～12.0
冰醋酸	1.05	99.8（优级纯） 99.0（分析纯、化学纯）	17.4
氢氟酸	1.13	40	22.5
氢溴酸	1.49	47.0	8.6
浓氨水	0.88～0.90	25.0～28.0	13.3～14.8
浓氢氧化钠	1.44	41	14

附录七　常用酸碱溶液相对密度及百分组成表

1. 盐酸

$w(HCl)$ /%	相对密度 d_4^{20}	$w(HCl)$ /%	相对密度 d_4^{20}	$w(HCl)$ /%	相对密度 d_4^{20}	$w(HCl)$ /%	相对密度 d_4^{20}
1	1.003 2	12	1.057 4	22	1.108 3	32	1.159 3
2	1.008 2	14	1.067 5	24	1.118 7	34	1.169 1
4	1.018 1	16	1.077 6	26	1.129 0	36	1.178 9
6	1.027 9	18	1.087 8	28	1.139 2	38	1.188 5
8	1.037 6	20	1.098 0	30	1.149 2	40	1.198 0
10	1.047 4						

2. 硫酸

$w(H_2SO_4)$ /%	相对密度 d_4^{20}	$w(H_2SO_4)$ /%	相对密度 d_4^{20}	$w(H_2SO_4)$ /%	相对密度 d_4^{20}	$w(H_2SO_4)$ /%	相对密度 d_4^{20}
1	1.005 1	25	1.178 3	65	1.553 3	93	1.827 9
2	1.011 8	30	1.218 5	70	1.610 5	94	1.831 2
3	1.018 4	35	1.259 9	75	1.669 2	95	1.833 7
4	1.025 0	40	1.302 8	80	1.727 2	96	1.835 5
5	1.031 7	45	1.347 6	85	1.778 6	97	1.836 4
10	1.066 1	50	1.395 1	90	1.814 4	98	1.836 1
15	1.102 0	55	1.445 3	91	1.819 5	99	1.834 2
20	1.139 4	60	1.498 3	92	1.824 0	100	1.830 5

3. 乙酸

$w(乙酸)$ /%	相对密度 d_4^{20}	$w(乙酸)$ /%	相对密度 d_4^{20}	$w(乙酸)$ /%	相对密度 d_4^{20}	$w(乙酸)$ /%	相对密度 d_4^{20}
1	0.999 6	25	1.032 6	65	1.066 6	93	1.063 2
2	1.001 2	30	1.038 4	70	1.068 5	94	1.061 9
3	1.002 5	35	1.043 8	75	1.069 6	95	1.060 5
4	1.004 0	40	1.048 8	80	1.070 0	96	1.058 8
5	1.005 5	45	1.053 4	85	1.068 9	97	1.057 0
10	1.012 5	50	1.057 5	90	1.066 1	98	1.054 9
15	1.019 5	55	1.061 1	91	1.065 2	99	1.052 4
20	1.026 3	60	1.064 2	92	1.064 3	100	1.049 8

4. 硝酸

$w(HNO_3)$ /%	相对密度 d_4^{20}	$w(HNO_3)$ /%	相对密度 d_4^{20}	$w(HNO_3)$ /%	相对密度 d_4^{20}	$w(HNO_3)$ /%	相对密度 d_4^{20}
1	1.003 6	25	1.146 9	65	1.391 3	93	1.489 2
2	1.009 1	30	1.180 0	70	1.413 4	94	1.491 2
3	1.014 6	35	1.214 0	75	1.433 7	95	1.493 2
4	1.020 1	40	1.246 3	80	1.452 1	96	1.495 2
5	1.025 6	45	1.278 3	85	1.468 6	97	1.197 4
10	1.054 3	50	1.310 0	90	1.482 6	98	1.500 8
15	1.084 2	55	1.339 3	91	1.485 0	99	1.505 6
20	1.115 0	60	1.366 7	92	1.487 3	100	1.512 9

5. 发烟硫酸

$w(SO_3)$ /%	相对密度 d_4^{20}	$w(SO_3)$ /%	相对密度 d_4^{20}	$w(SO_3)$ /%	相对密度 d_4^{20}	$w(SO_3)$ /%	相对密度 d_4^{20}
1.54	1.860	6.42	1.880	10.07	1.900	15.95	1.920
2.66	1.859	7.29	1.885	10.56	1.905	18.67	1.925
4.28	1.870	8.16	1.890	11.43	1.910	21.34	1.930
5.44	1.875	9.43	1.895	13.33	1.915	25.65	1.935

6. 氢溴酸

$w(HBr)$ /%	相对密度 d_4^{20}	$w(HBr)$ /%	相对密度 d_4^{20}	$w(HBr)$ /%	相对密度 d_4^{20}	$w(HBr)$ /%	相对密度 d_4^{20}
10	1.072 3	35	1.315 0	50	1.517 3	65	1.767 5
20	1.157 9	40	1.377 2	55	1.595 3		
30	1.258 0	45	1.444 6	60	1.678 7		

7. 氨水

$w(NH_3)$ /%	相对密度 d_4^{20}	$w(NH_3)$ /%	相对密度 d_4^{20}	$w(NH_3)$ /%	相对密度 d_4^{20}	$w(NH_3)$ /%	相对密度 d_4^{20}
1	0.993 9	8	0.965 1	16	0.936 2	24	0.910 1
2	0.989 5	10	0.957 5	18	0.929 5	26	0.904 0
4	0.981 1	12	0.950 1	20	0.922 9	28	0.898 0
6	0.973 0	14	0.943 0	22	0.916 4	30	0.892 0

8. 氢氧化钠

$w(NaOH)$ /%	相对密度 d_4^{20}	$w(NaOH)$ /%	相对密度 d_4^{20}	$w(NaOH)$ /%	相对密度 d_4^{20}	$w(NaOH)$ /%	相对密度 d_4^{20}
1	1.009 5	14	1.153 0	28	1.303 4	42	1.449 4
2	1.020 7	16	1.175 1	30	1.327 9	44	1.468 5
4	1.042 8	18	1.197 2	32	1.349 0	46	1.487 3
6	1.064 8	20	1.219 1	34	1.369 6	48	1.506 5
8	1.086 9	22	1.241 1	36	1.390 0	50	1.525 3
10	1.108 9	24	1.262 9	38	1.410 1		
12	1.130 9	26	1.284 8	40	1.430 0		

9. 氢氧化钾

$w(KOH)$ /%	相对密度 d_4^{20}	$w(KOH)$ /%	相对密度 d_4^{20}	$w(KOH)$ /%	相对密度 d_4^{20}	$w(KOH)$ /%	相对密度 d_4^{20}
1	1.008 3	14	1.129 9	28	1.269 5	42	1.421 5
2	1.017 5	16	1.149 3	30	1.290 5	44	1.444 3
4	1.035 9	18	1.168 8	32	1.311 7	46	1.467 3
6	1.054 4	20	1.188 4	34	1.333 1	48	1.490 7
8	1.073 0	22	1.208 3	36	1.354 9	50	1.514 3
10	1.091 8	24	1.228 5	38	1.376 9	52	1.538 2
12	1.110 8	26	1.248 9	40	1.399 1		

10. 碳酸钠

$w(Na_2CO_3)$ /%	相对密度 d_4^{20}	$w(Na_2CO_3)$ /%	相对密度 d_4^{20}	$w(Na_2CO_3)$ /%	相对密度 d_4^{20}	$w(Na_2CO_3)$ /%	相对密度 d_4^{20}
1	1.008 6	6	1.060 6	12	1.124 4	18	1.190 5
2	1.019 0	8	1.081 6	14	1.146 3	20	1.213 2
4	1.039 8	10	1.102 9	16	1.168 2		

附录八　常见的共沸混合物

1. 与水形成的二元共沸物（水沸点 100 ℃）

溶剂	沸点/℃	共沸点/℃	$w(H_2O)/\%$	溶剂	沸点/℃	共沸点/℃	$w(H_2O)/\%$
氯仿	61.2	56.1	2.5	甲苯	110.5	84.1	13.5
四氯化碳	77	66	4	正丙醇	97.2	87.7	28.3
苯	80.4	69.2	8.8	异丁醇	108.4	89.9	33.2
丙烯腈	78.0	70.0	13.0	二甲苯	137-40.5	92.0	35.0
二氯乙烷	83.7	72.0	19.5	正丁醇	117.7	92.2	37.5
乙腈	82.0	76.0	16.0	吡啶	115.5	92.5	40.6
乙醇	78.3	78.1	4.4	异戊醇	131.0	95.1	49.6
乙酸乙酯	77.1	70.4	6.1	正戊醇	138.3	95.4	44.7
异丙醇	82.4	80.4	12.1	氯乙醇	129.0	97.8	59.0

2. 常见有机物间的共沸混合物

共沸混合物	组分的沸点/℃	共沸物的组成质量比	共沸物的沸点/℃
乙醇-乙酸乙酯	78.3, 78	30∶70	72
乙醇-苯	78.3, 80.9	32∶68	68.2
乙醇-氯仿	78.3, 61.2	7∶93	59.4
乙醇-四氯化碳	78.3, 77	16∶84	64.9
乙酸乙酯-四氯化碳	78, 77	43∶57	75
甲醇-四氯化碳	64.7, 77	21∶79	55.7
甲醇-苯	64.7, 80.9	39∶61	48.3
氯仿-丙酮	61.2, 56.4	80∶20	64.7
甲苯-乙酸	110.6, 118.5	72∶28	105.4
乙醇-苯-水	78.3, 80.6, 100	19∶74∶7	64.9

附录九　常用有机溶剂的沸点和折射率

名称	折射率（n_D^{20}）	沸点/℃	名称	折射率（n_D^{20}）	沸点/℃
环己烷	1.426 2	81	乙酸乙酯	1.372 3	77
正己烷	1.374 8	68.7	三氯甲烷	1.447 6	61.7
苯	1.501	80.4	四氯化碳	1.460 3	76.5
甲苯	1.496 9	110.6	二硫化碳	1.627 9	46.2
甲醇	1.328 4	65	吡啶	1.506 7	115.5
乙醇	1.361 4	78.3	1-溴丁烷	1.439 9	101.6
异丙醇	1.377 2	82.4	苯乙酮	1.537 18	202.6
乙醚	1.352 7	34	丁酮	1.378 8	79.6
四氢呋喃	1.405 0	66	丙酮	1.358 8	56.05

附录十　常见糖类及其衍生物的比旋光度 $[\alpha]_D^{20}$

（°）

名　　称	纯 α-异构体	纯 β-异构体	变旋后平衡值
D-葡萄糖	+112	+19	+53
D-果糖	−21	−113	−92
D-半乳糖	+151	+53	+84
D-乳糖	+90	+35	+52.2～+52.8
D-甘露糖	+30	−17	+14
D-麦芽糖	+168	+112	+136
D-纤维二糖	+72	+16	+35
蔗糖			+66.2～+66.7
D-木糖			+18.5～+19.5
维生素 C			+20.5～+21.5

附录十一　常见氨基酸的比旋光度 $[\alpha]_D^{20}$

(°)

名称	比旋光度	名称	比旋光度
丝氨酸	-7.5	苏氨酸	-28.5
L-胱氨酸	$-225\sim-215$	天冬氨酸	$+5.05$
谷氨酸	$+12.0$	赖氨酸	$+13.5$
丙氨酸	$+1.8$	精氨酸	$+12.5$
亮氨酸	-11.0	组氨酸	-38.5
异亮氨酸	$+12.4$	色氨酸	-33.7
L-半胱氨酸盐酸盐	$+6.5\sim+8.0$		

附录十二　易燃、易爆、有毒、致癌物质

1. 易燃物质

可燃气体：氨气、乙胺、氯乙烷、乙烯、煤气、氢气、硫化氢、甲烷、氯甲烷、二氧化硫等。

易燃液体：汽油、乙醚、乙醛、二硫化碳、石油醚、苯、醇、丙酮、甲苯、二甲苯、苯胺、乙酸乙酯、氯苯、氯甲醛等。

易燃固体：红磷、三硫化二磷、萘、镁、铝粉等。

自燃物质：白磷。

2. 易爆炸物质

一般来说，易爆炸物质的组成中，大多含有以下原子团：

—O—O—　　臭氧、过氧化物

—O—Cl—　　氯酸盐、高氯酸盐

=N—Cl　　氮的氯化物

—N =O　　亚硝基化合物

—NO$_2$　　硝基化合物（三硝基甲苯、苦味酸盐）

—C≡C—　　乙炔化合物（乙炔金属盐）

单独自行爆炸的有高氯酸铵、硝酸铵、浓高氯酸、雷酸汞、三硝基甲苯等。

混合发生爆炸的有：

① 高氯酸＋酒精或其他有机物。

② 高锰酸钾＋甘油或其他有机物。

③ 高锰酸钾＋硫酸或硫。

④ 硝酸＋镁或碘化氢。

⑤ 硝酸铵＋酯类或其他有机物。

⑥ 硝酸铵＋锌粉＋水滴。

⑦ 硝酸盐＋氯化亚锡。

⑧ 过氧化物＋铝＋水。

⑨ 硫＋氧化汞。

⑩ 金属钠或钾＋水。

⑪ 氢气/乙炔/汽油/二硫化碳/乙醚＋空气。

3. 有毒物质

溴、氯气、氟气、氟化氢、溴化氢、氯化氢、二氧化硫、硫化氢、光气、氨气、一氧化碳、硝酸、盐酸、氢氰酸、氰化物、汞、黄磷、有机溶剂（如苯）、硫酸二甲酯、苯胺及其衍生物、芳香硝基化合物、苯酚、生物碱等。

4. 致癌物质

（1）芳胺及其衍生物。联苯胺及其衍生物、α-萘胺、β-萘胺、4-二甲氨基偶氮苯、4-乙酰氨基联苯、2-乙酰氨基苯酚。

（2）N-亚硝基化合物。N-甲基-N-亚硝基苯胺、N-亚硝基二甲胺、N-甲基-N-亚硝基脲、N-亚硝基氢化吡啶。

（3）烷基化剂。硫酸二甲酯、对甲苯磺酸甲酯、一些丙烯酯类、碘甲烷、重氮甲烷、β-羟基丙酸内酯、氯甲基甲醚。

（4）稠环芳烃。3,4-苯并蒽、1,2,5,6-二苯并蒽、9,10-二甲基-1,2-苯并蒽。

附录十三　溶剂的纯化

1. 无水乙醚 （absolute ether）

b. p. 34.51 ℃，n_D^{20} 1.352 7，d_4^{20} 0.713 78

普通乙醚中常含有一定量的水、乙醇及少量过氧化物等杂质，这对于要求以无水乙醚作溶剂的反应（如 Grignard 反应），不仅影响反应的进行，且易发生危险。试剂级的无水乙醚往往也不合要求，并且价格较高，因此，在实验中常需自行制备。制备无水乙醚时，首先要检验有无过氧化物。为此，取较少量乙醚与等体积的 2% 碘化钾溶液，加入几滴稀盐酸一起振摇，若能使淀粉溶液呈紫色或蓝色，即证明有过氧化物存在。要除去过氧化物，可在分液漏斗中加入普通乙醚和相当于乙醚体积 1/5 的新配制硫酸亚铁溶液（在 110 mL 水中加入 6 mL 浓硫酸，然后加入 60 g 硫酸亚铁配制而成），剧烈摇动后分去水溶液。除去过氧化物后，按照下述操作进行精制。

〔步骤〕

在 250 mL 圆底烧瓶中，放置 100 mL 除去过氧化物的普通乙醚和几粒沸石，装上冷凝管。冷凝管上端塞入一个带有侧槽的橡皮塞，插入盛有 10 mL 浓硫酸的滴液漏斗。通入冷凝水，将浓硫酸慢慢滴入乙醚中，由于脱水作用会产生热量，因而乙醚会自行沸腾。加完浓硫酸后，摇动反应物。

待乙醚停止沸腾后，拆下冷凝管，改成蒸馏装置。在收集乙醚的接收瓶支管上连一个氯化钙干燥管，并用与干燥管连接的橡皮管把乙醚蒸气导入水槽。加入沸石后，用事先准备好的水浴加热蒸馏。蒸馏速度不宜太快，以免乙醚蒸气冷凝不了而逸散到室内（乙醚沸点低，极易挥发，且蒸气比空气密度大，约为空气的 2.5 倍，当空气中含有 1.85% ～ 36.5% 的乙醚蒸气时，遇火即会发生燃烧爆炸）。当收集到约 70 mL 乙醚，且蒸馏速度显著变慢时，即可停止蒸馏。将瓶内所剩残液倒入指定的回收瓶中，切不可将水加入残液中（为什么？）。

将蒸馏收集的乙醚倒入干燥的锥形瓶中，加入 1 g 钠屑或 1 g 钠丝，然后用带有氯化钙干燥管的软木塞塞住，或在木塞中插入一个末端拉成毛细管的玻璃管，这样可以防止潮气侵入，并可使产生的气体逸出。放置 24 h 以上，使乙醚中残留的少量水和乙醇转化为氢氧化钠和乙醇钠。如不再有气泡逸出，同时钠的表面较好，则可储放备用。如放置后金属钠表面已全部发生作用，则需重新压入少量钠丝，放置至无气泡发生。这种无水乙醚可符合一般无水要求。

2. 绝对乙醇（absolute ethyl alcohol）

b. p. 78.3 ℃，n_D^{20} 1.361 4，d_4^{20} 0.789 3

市售的无水乙醇一般只能达到 99.5% 的纯度，在许多反应中需用纯度更高的绝对乙醇，经常需自己制备。通常工业用的 95.5% 的乙醇不能直接用蒸馏法制取无水乙醇，因 95.5% 的乙醇和 4.5% 的水形成恒沸点混合物。要把水除去，第一步是加入氧化钙（生石灰）煮沸回流，使乙醇中的水和生石灰作用生成氢氧化钙，然后将无水乙醇蒸出。这样得到的无水乙醇，纯度最高约为 99.5%。纯度更高的无水乙醇可用金属镁或金属钠进行处理。

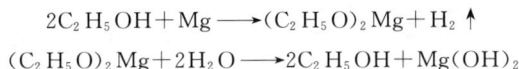

$$2C_2H_5OH + Mg \longrightarrow (C_2H_5O)_2Mg + H_2 \uparrow$$
$$(C_2H_5O)_2Mg + 2H_2O \longrightarrow 2C_2H_5OH + Mg(OH)_2$$

或

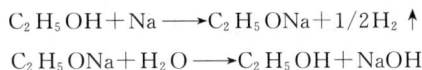

$$C_2H_5OH + Na \longrightarrow C_2H_5ONa + 1/2H_2 \uparrow$$
$$C_2H_5ONa + H_2O \longrightarrow C_2H_5OH + NaOH$$

[步骤]

（1）无水乙醇（含量 99.5%）的制备。

在 500 mL 圆底烧瓶（本实验所用的仪器均需彻底干燥）中，加入 200 mL 95% 乙醇和 50 g 生石灰，用木塞塞紧瓶口，放置至下次实验。

下次实验时，拔去木塞，装上回流冷凝管，其上端接一个氯化钙干燥管，在水浴上回流加热 2 ～ 3 h，稍冷后取下冷凝管，改成蒸馏装置（一般在蒸馏前应先过滤除去干燥剂，本实验中，氧化钙与乙醇中的水生成的氢氧化钙加热时不分解，故可留在瓶中一起蒸馏）。蒸去前馏分后，用干燥的吸滤瓶或蒸馏瓶作接收器，其支管接一个氯化钙干燥管，使其与大气相通。用水浴加热，蒸馏至几乎无液滴流出为止。称量无水乙醇的质量或量其体积，计算收率。

（2）绝对乙醇（含量 99.95%）的制备。

① 用金属镁制取。在 250 mL 的圆底烧瓶中，放置 0.6 g 干燥纯净的镁条。加入 10 mL 99.5% 乙醇，装上回流冷凝管，并在冷凝管上端附加一只无水氯化钙干燥管。在

沸水浴上或用直接加热的方法使其达微沸，移去热源，立刻加入几粒碘片（此时注意不要振荡），顷刻即在碘粒附近发生作用，最后可以达到相当剧烈的程度。如果作用太慢，则需加热；如果在加碘之后作用仍不开始，则可再加入数粒碘（一般来说，乙醇与镁的作用是缓慢的，如所用乙醇含水量超过 0.5%，则作用尤其困难）。待全部镁作用完毕后，加入 100 mL 99.5% 乙醇和几粒沸石。回流 1 h，蒸馏，产物收存于玻璃瓶中，用一个橡皮塞或磨口塞塞住。

② 用金属钠制取。在 250 mL 的圆底烧瓶中放置 2 g 金属钠，加入 100 mL 99.5% 的乙醇和几粒沸石，装上回流冷凝管，并在冷凝管上端附加一只无水氯化钙干燥管。在沸水浴上或用火直接加热，回流 30 min 后，加入 4 g 邻苯二甲酸二乙酯（邻苯二甲酸二乙酯与氢氧化钠反应生成邻苯二甲酸钠和乙醇），再回流 10 min。取下冷凝管，改成蒸馏装置，按收集无水乙醇的要求进行蒸馏。产物收存于玻璃瓶中，用一个橡皮塞或磨口塞塞住。

3. 无水甲醇（absolute methyl alcohol）

b. p. 64.96 ℃，n_D^{20} $1.328\ 4$，d_4^{20} $0.791\ 4$

市售的甲醇，由合成而来，含水量不超过 $0.5\%\sim1\%$。由于甲醇和水不能形成共沸物，为此，可借助高效的精馏柱将少量水除去。精制甲醇含有 0.02% 的丙酮和 0.1% 的水，一般已可应用。如要制得无水甲醇，可用金属镁制取的方法。若含水量低于 0.1%，也可用 3A 或 4A 型分子筛干燥。甲醇有毒，处理时应避免吸入其蒸气。

4. 无水无噻吩苯（benzene）

b. p. 80.1 ℃，n_D^{20} $1.501\ 1$，d_4^{20} $0.878\ 65$

普通苯含有少量的水（可达 0.02%），由煤焦油加工得到的苯还含有少量噻吩（沸点为 84 ℃），不能用分馏或分步结晶等方法分离除去。为制得无水、无噻吩的苯，可采用下列方法：

在分液漏斗内将普通苯及相当苯体积 15% 的浓硫酸一起摇荡，摇荡后将混合物静置，弃去底层的酸液，再加入新的浓硫酸，这样重复操作，直至酸层呈现无色或淡黄色，并且检验无噻吩为止。分去酸层，苯层依次用水、10% 碳酸钠溶液、水洗涤，用氯化钙干燥，蒸馏，收集 80 ℃的馏分。若要高度干燥，可加入钠丝（见"无水乙醚"）进一步去水。由石油加工得来的苯一般可省去除噻吩的步骤。

噻吩的检验：取 5 滴苯于小试管中，加入 5 滴浓硫酸及 $1\sim2$ 滴 1% α,β-吲哚醌-浓硫酸溶液，振荡片刻。如呈墨绿色或蓝色，表示有噻吩存在。

5. 丙酮（acetone）

b. p. 56.05 ℃，n_D^{20} $1.358\ 8$，d_4^{20} $0.789\ 9$

普通丙酮中往往含有少量水及甲醇、乙醛等还原性杂质，可用下列方法精制：

① 在 100 mL 丙酮中加入 0.5 g 高锰酸钾回流，以除去还原性杂质，若高锰酸钾紫色很快消失，需要重新加入少量高锰酸钾继续回流，直至紫色不再消失为止。蒸出丙酮，用无水碳酸钾或无水硫酸钙干燥，过滤，蒸馏，收集 $55\sim56.5$ ℃的馏分。

② 于 100 mL 丙酮中加入 4 mL 10% 硝酸银溶液及 35 mL 0.1 mol/L 氢氧化钠溶液，振荡 10 min，除去还原性杂质。过滤，滤液用无水硫酸钙干燥，蒸馏，收集 $55\sim$

56.5 ℃的馏分。

6. 乙酸乙酯 （ethyl acetate）

b. p. 77.06 ℃，n_D^{20} 1.372 3，d_4^{20} 0.900 3

市售的乙酸乙酯中含有少量水、乙醇和乙酸，可用下述方法精制。

① 于 100 mL 乙酸乙酯中加入 10 mL 乙酸酐、1 滴浓硫酸，加热回流 4 h，除去乙醇及水等杂质，然后进行分馏。馏液用 2～3 g 无水碳酸钾振荡干燥后蒸馏，最后产物的沸点为 77 ℃，纯度达 99.7%。

② 将乙酸乙酯先用等体积 5% 碳酸钠溶液洗涤，再用饱和氯化钙溶液洗涤，然后用无水碳酸钾干燥后蒸馏。

7. 二硫化碳 （carbon disulfide）

b. p. 46.2 ℃，n_D^{20} 1.627 9，d_4^{20} 1.266 1

二硫化碳为有较高毒性的液体（能使血液和神经中毒），它具有高度的挥发性和易燃性，所以使用时必须十分小心，避免接触蒸气。一般有机合成实验中对二硫化碳要求不高，可在普通二硫化碳中加入少量研碎的无水氯化钙，干燥后滤去干燥剂，然后在水浴中蒸馏收集。

若要制得较纯的二硫化碳，则需将试剂级的二硫化碳用 0.5% 高锰酸钾水溶液洗涤 3 次，除去硫化氢，再用汞不断振荡除去硫，最后用 2.5% 硫酸汞溶液洗涤，除去所有恶臭（剩余的硫化氢），再经氯化钙干燥，蒸馏收集。其纯化过程的反应式如下：

$$3H_2S + 2KMnO_4 \longrightarrow 2MnO_2 \downarrow + 3S \downarrow + 2H_2O + 2KOH$$

$$Hg + S \longrightarrow HgS \downarrow$$

$$HgSO_4 + H_2S \longrightarrow HgS \downarrow + H_2SO_4$$

8. 氯仿 （chloroform）

b. p. 61.7 ℃，n_D^{20} 1.447 6，d_4^{20} 1.483 2

普通用的氯仿含有 1% 的乙醇，这是为了防止氯仿分解为有毒的光气，作为稳定剂加进去的。为了除去乙醇，可以将氯仿用一半体积的水振荡数次，然后分出下层氯仿，用无水氯化钙干燥数小时后蒸馏。

另一种精制方法是将氯仿与少量浓硫酸一起振荡两三次。每 1 000 mL 氯仿，用浓硫酸 50 mL。分去酸层以后的氯仿用水洗涤，干燥，然后蒸馏。除去乙醇的无水氯仿应保存于棕色瓶子里，并且不要见光，以免分解。

9. 石油醚

石油醚为轻质石油产品，是低相对分子质量烃类（主要是戊烷和己烷）的混合物。其沸程为 30～150 ℃，收集的温度区间一般为 30 ℃ 左右，如有 30～60 ℃、60～90 ℃、90～120 ℃ 等沸程规格的石油醚。石油醚中含有少量不饱和烃，沸点与烷烃相近，用蒸馏法无法分离，必要时可用浓硫酸和高锰酸钾把它除去。通常将石油醚用其体积 1/10 的浓硫酸洗涤两三次，再用 10% 的硫酸加入高锰酸钾配成的饱和溶液洗涤，直至水层中的紫色不再消失为止。然后用水洗，经无水氯化钙干燥后蒸馏。如要得到绝对干燥的石油醚，则加入钠丝（见"无水乙醚"）。

10. 吡啶 （pyridine）

b. p. 115.5 ℃，n_D^{20} 1.506 7，d_4^{20} 0.981 9

分析纯的吡啶含有少量水分，但已可供一般应用。如要制得无水吡啶，可与粒状氢氧化钾或氢氧化钠一同回流，然后隔绝潮气蒸出备用。干燥的吡啶吸水性很强，保存时应将容器用石蜡封好。

11. N,N-二甲基甲酰胺 （N,N-dimethyl formamide）

b. p. 149～156 ℃，n_D^{20} 1.430 5，d_4^{20} 0.948 7

N,N-二甲基甲酰胺中含有少量水分。在常压蒸馏时有些分解，产生二甲胺与一氧化碳。若有酸或碱存在，分解加快，所以，在加入固体氢氧化钾或氢氧化钠，并在室温放置数小时后，即有部分分解。因此，最好用硫酸钙、硫酸镁、氧化钡、硅胶或分子筛干燥，然后减压蒸馏，收集 76 ℃/4.79 kPa（36 mmHg）的馏分。如其中含水较多，可加入 1/10 体积的苯，在常压及 80 ℃ 以下蒸去水和苯，然后用硫酸镁或氧化钡干燥，再进行减压蒸馏。

N,N-二甲基甲酰胺中如有游离胺存在，可用 2,4-二硝基氟苯产生颜色来检查。

12. 四氢呋喃 （tetrahydrofuran）

b. p. 66 ℃ （64.5 ℃），n_D^{20} 1.405 0，d_4^{20} 0.889 2

四氢呋喃是具有乙醚气味的无色透明液体，市售的四氢呋喃常含有少量水分及过氧化物。如要制得无水四氢呋喃，可与氢化锂铝在隔绝潮气下回流（通常 1 000 mL 需 2～4 g 氢化锂铝），除去其中的水和过氧化物，然后在常压下蒸馏，收集 66 ℃ 的馏分。精制后的液体应在氮气氛中保存，如需放置较久，应加 0.025% 2,6-二叔丁基-4-甲基苯酚作抗氧剂。处理四氢呋喃时，应先用少量进行实验，以确定只有少量水和过氧化物，作用不过于猛烈时，方可进行处理。

四氢呋喃中的过氧化物可用酸化的碘化钾溶液来实验。如过氧化物很多，应另行处理。

13. 二甲亚砜 （dimethyl sulfone）

b. p. 189 ℃ （m. p. 18.5 ℃），n_D^{20} 1.478 3，d_4^{20} 1.095 4

二甲亚砜为无色、无臭、微带苦味的吸湿性液体。常压下加热至沸腾可部分分解。市售试剂级二甲亚砜含水量约为 1%，通常先减压蒸馏，然后用 4A 型分子筛干燥；或用氢化钙粉末搅拌 4～8 h，再减压蒸馏，收集 64～65 ℃/533 Pa（4 mmHg）馏分。蒸馏时，温度不宜高于 90 ℃，否则会发生歧化反应生成二甲砜和二甲硫醚。二甲亚砜与某些物质混合时，可能发生爆炸，例如，氢化钠、高碘酸或高氯酸镁等，应予以注意。

14. 二氧六环 （dioxane）

b. p. 101.5 ℃ （m. p. 12 ℃），n_D^{20} 1.422 4，d_4^{20} 1.033 6

二氧六环与醚的作用相似，可与水任意混合。普通二氧六环中含有少量二乙醇缩醛与水，储存过久的二氧六环中还可能含有过氧化物。

二氧六环的纯化，一般加入 10% 质量的浓盐酸与之回流 3 h，同时慢慢通入氮气，以除去生成的乙醛。冷至室温，加入粒状氢氧化钾直至不再溶解。然后分去水层，用粒状氢氧化钾干燥过夜后，过滤，再加金属钠加热回流数小时，蒸馏后压入钠丝保存。

15. 1,2-二氯乙烷（1,2-dichloro ethane）

b. p. 83.4 ℃，n_D^{20} 1.444 8，d_4^{20} 1.253 1

1,2-二氯乙烷为无色油状液体，有芳香味。取 1 份 1,2-二氯乙烷溶于 120 份水中，可与水形成恒沸混合物，沸点为 72 ℃，其中含 81.2% 的 1,2-二氯乙烷。可与乙醇、乙醚、氯仿等相混溶。在结晶和提取时是极有用的溶剂，比常用的含氯有机溶剂更为活泼。

纯化时，一般可依次用浓硫酸、水、稀碱溶液和水洗涤，用无水氯化钙干燥或加入五氧化二磷分馏即可。

参 考 文 献

[1] 雷文. 有机化学实验 [M]. 上海：同济大学出版社，2015.

[2] 陈琳. 有机化学实验 [M]. 北京：科学出版社，2012.

[3] 李谦，毛立群，房晓敏. 计算机在化学化工中的应用 [M]. 北京：化学工业出版社，2010.

[4] 张奇涵，关烨第，关玲. 有机化学实验 [M]. 第三版. 北京：北京大学出版社，2015.

[5] 孔祥文. 大学有机化学实验 [M]. 北京：中国石化出版社，2018.

[6] 熊志勇，徐惠娟. 有机化学实验 [M]. 第二版. 武汉：华中科技大学出版社，2019.

[7] 王清廉，沈凤嘉. 有机化学实验 [M]. 第三版. 北京：高等教育出版社，2010.

[8] 黄长干，徐翠莲. 有机化学实验 [M]. 北京：中国农业出版社，2013.

[9] 李明，郭维斯，等. 有机化学实验 [M]. 第二版. 北京：科学出版社，2019.

[10] 郭明. 有机化学实验教程 [M]. 北京：科学出版社，2019.

[11] 吴美芳，李琳，等. 有机化学实验 [M]. 北京：科学出版社，2013.